U0342253

新型绿色纳米材料的制备及其光电性质研究

孙明烨　著

北　京

冶 金 工 业 出 版 社

2019

内 容 提 要

本书系统地研究了 $CuInS_2$ 量子点和碳纳米点与 TiO_2 间的电子转移过程，碳纳米点/ TiO_2 复合物的光催化性质，以及实现了碳纳米点高效的固态发光。$CuInS_2$ 量子点（QD）与碳纳米点（CD）作为新型绿色纳米材料，其光电性质尚不清晰，但基于它们的光电器件性能普遍低于基于含镉（Cd）或铅（Pb）量子点的器件的性能指标，因此上述研究对于优化 $CuInS_2$ 量子点和碳纳米点光电器件性能具有重要的意义。

本书可供纳米光电材料与器件相关的科研人员参考使用，尤其适合于从事碳纳米材料光电性质与器件应用研究的人员阅读。

图书在版编目（CIP）数据

新型绿色纳米材料的制备及其光电性质研究/孙明烨著. —北京：冶金工业出版社，2019.4

ISBN 978-7-5024-8104-9

Ⅰ.①新… Ⅱ.①孙… Ⅲ.①纳米材料—光电材料—研究 Ⅳ.①TN204

中国版本图书馆 CIP 数据核字（2019）第 063034 号

出 版 人 谭学余
地　　址 北京市东城区嵩祝院北巷 39 号　邮编　100009　电话　(010)64027926
网　　址 www.cnmip.com.cn　电子信箱　yjcbs@cnmip.com.cn
责任编辑 夏小雪　美术编辑 吕欣童　版式设计 孙跃红
责任校对 郑　娟　责任印制 李玉山
ISBN 978-7-5024-8104-9
冶金工业出版社出版发行；各地新华书店经销；三河市双峰印刷装订有限公司印刷
2019 年 4 月第 1 版，2019 年 4 月第 1 次印刷
169mm×239mm；7 印张；134 千字；102 页
36.00 元

冶金工业出版社　投稿电话　(010)64027932　投稿信箱　tougao@cnmip.com.cn
冶金工业出版社营销中心　电话　(010)64044283　传真　(010)64027893
冶金工业出版社天猫旗舰店　yjgycbs.tmall.com
（本书如有印装质量问题，本社营销中心负责退换）

前　言

半导体量子点具有尺寸调谐的带隙、发光量子效率高和可溶液处理等性质，被广泛地应用于生物成像与传感、光催化、发光二极管和光伏等领域。但是高性能量子点大多含有 Cd 或 Pb 等重金属元素，严重影响我们的生存环境和量子点器件的商品化应用。因此，有关低毒性纳米材料的研究引起了科研人员的广泛关注，如 $CuInS_2$ 量子点和碳纳米点。作为量子点家族的新成员，$CuInS_2$ 量子点因不含 Cd 和 Pb 等重金属元素、吸收系数大和具有与太阳光谱匹配的 1.5eV 直接带隙等优点，适用于光伏领域。碳纳米点因具有好的稳定性、低毒性、抗光漂白和生物相容性等优点，有望替伐有机染料和多含重金属的量子点在诸多领域的应用。然而，$CuInS_2$ 量子点与碳纳米点作为新型绿色纳米材料，其光电性质尚不清晰，基于它们的光电器件性能普遍低于基于含 Cd 和 Pb 量子点的器件性能指标。另外，碳纳米点存在严重的固态发光猝灭，严重地限制其在发光二极管领域的应用。因此，研究 $CuInS_2$ 量子点和碳纳米点的光电性质，以及实现碳纳米点高效的固态发光，对于优化 $CuInS_2$ 量子点和碳纳米点光电器件性能具有重要的意义。

本书正是针对上述问题，研究了从 $CuInS_2$ 核/壳量子点到 TiO_2 的电子转移过程，研究了无长链分子修饰、具有可见光区本征吸收的碳纳米点与 TiO_2 间的电子转移和电荷分离过程，研究了可见光照射下碳纳米点/TiO_2 复合物的碳纳米点覆盖度依赖的光催化性能以及实现了碳纳米点高效的固态发光。本书可供纳米光电材料与器件相关的科研人员作为参考。考虑到本书内容专业性较强，建议从事碳纳米材料光电性质与器件应用研究的人员使用。

本书由牡丹江师范学院的孙明烨独自撰写，主要内容借鉴了作者博士期间的研究工作。在此，特别感谢我的博士生导师吉林师范大学赵家龙教授和长春光学精密机械与物理研究所曲松楠研究员对本书研究内容的指导。另外，本书的出版得到了黑龙江省普通本科高等学校青年创新人才培养计划（项目编号：UNPYSCT-2017196）和牡丹江师范学院青年拔尖人才培育项目（项目编号：QC2017001）的支持。

限于本书作者学识有限，疏漏和不当之处在所难免，敬请广大读者批评指正。

作　者

2018 年 12 月

目　　录

1 绪 论

1959 年 12 月 29 日，美国著名物理学家 Richard Phillips Feynman 在美国加州理工学院发表了一次名为 "There's Plenty of Room at the Bottom" 的演讲，首次提出了按人的意愿任意操纵单个原子和分子的设想，并预言了纳米科技的出现。纳米材料[1]是指尺寸介于 1~100nm 之间的由一定数量的原子或分子构成的一种具有全新性质的材料，即三维空间至少有一维处于纳米量级，其中包括零维材料（纳米量级的颗粒）、一维材料（直径为纳米量级的棒、管和线等）和二维材料（纳米量级的薄膜和多层膜结构），以及上述纳米材料所构成的致密或非致密的固体材料。纳米材料因其独特的性质以及在生物、信息和能源等领域重大的应用潜力[1~8]，吸引了越来越多科研人员的关注。近几十年来，人们对于纳米材料具有迥异于体材料的物理和化学性质的认识也越来越深入。

1.1 半导体量子点的制备与光电性质

半导体纳米晶是指尺寸介于 1~100nm 之间的半导体晶粒，由数百至数千个原子构成。当半导体纳米晶的半径与其相应体材料的激子波尔半径相当或者更小时，其内部电子和空穴受量子限域效应的影响，使其能带结构由准连续逐渐演变成分立能级，表现出很多不同于体材料的新颖的物理和化学性质，因此半导体纳米晶也被称作半导体量子点（QD）[2,5~7]。此外，半导体量子点因具有尺寸调谐的带隙、发光量子效率高以及好的稳定性等优点，加之可溶液处理，大大地简化了半导体器件的制备工艺，降低了生产成本，使其逐渐成为各个学科发展的交汇点，已经在生物成像与传感、发光二极管和太阳能电池等领域得到了广泛的应用[2,9~13]。

1.1.1 半导体量子点的制备

半导体量子点的制备方法可以分为两大类：其一是"自上而下"法，其二是"自下而上"法。

"自上而下"法通常是利用传统的刻蚀技术将大尺寸的材料改造为纳米量级的量子点。电子束光刻、反应离子刻蚀以及湿化学刻蚀通常被用来制备 30nm 尺度的 III-V 和 II-VI 族半导体量子点。电子束光刻可以灵活地雕刻纳米尺度的图案，设计和制作纳米结构。通过这种方法可以实现量子点、线和环的精确分离和周期性排列。此外，聚焦离子束可以被用来制作零维量子点的阵列，量子点的形状、尺寸和粒子间距与离子束的束径有关。目前，实验室和商用的离子束最小束径在 8~20nm 范围，可以制备尺寸小于 100nm 的量子点[14]。

"自下而上"法按不同的自组装技术又可分为湿化学法和气相沉积法。其中气相沉积法通常需要高真空环境和高能源投入，所以胶体量子点通常采用溶液中可实现大批量反应、相对成本低及反应条件温和的湿化学方法制备。湿化学方法主要包括微乳液法、溶胶-凝胶法和热注入分解法。

（1）微乳液法。微乳液法也称反胶束法，是一种在室温下常用的制备量子点的方法，比如 CdS[15]、CdSe/ZnS[16] 和 CdSe/ZnSe[17] 量子点等。该方法主要是利用两种互不相溶的溶剂在表面活性剂的作用下形成一种均匀的乳液。由于表面活性剂分子两端分别有亲水和疏水基团，使得每一个表面活性剂分子修饰地含有前驱体的水滴都被连续的油相溶剂包围，即形成微乳。在微乳中生长的量子点的尺寸由微乳的尺寸控制，而微乳的尺寸可通过调节水和表面活性剂的摩尔比 W 来实现。摩尔比 W 与微乳尺寸 r 的关系如式（1-1）所示[17]：

$$\left(\frac{r+15}{r}\right)^3 - 1 = \frac{27.5}{W} \tag{1-1}$$

由此可见，通过调节水和表面活性剂的摩尔比能够很容易地控制量子点的尺寸。另外，在反应过程中，通过连续的搅拌使得微乳水滴与反应物间通过碰撞实现连续的交换，在微乳中实现量子点的成核和生长。正因为量子点的成核和生长等过程都集中在一个微小的球形水滴里，使得该方法具有粒径分布窄和容易控制的特点。

（2）溶胶-凝胶法。溶胶-凝胶法又称胶体化学法，被广泛地应用于 Ⅱ-Ⅵ族半导体量子点的制备，如 CdS、ZnO、ZnS、ZnSe 和 PbS 量子点等[12,18]。该法主要是在酸性或中性溶剂中加入金属前驱体（如醇盐、硝酸盐、醋酸盐以及硫族化合物等），经水解，浓缩成溶胶，然后聚合成网状结构的凝胶，来制备量子点。该方法具有易操作、低成本和可实现大批量反应的特点。

（3）热注入分解法。1993 年，Bawendi 研究小组通过将有机金属化合物在高温（约 300℃）下分解制备了 CdE（E=S，Se，Te）量子点，即有机相高温热注入法，此方法是近年来制备半导体量子点较成功的方法[19]。该方法通常是将阴离子前驱体快速地注入到含有阳离子前驱体的高温反应液中，当反应前驱体浓度瞬间达到过饱和并超过成核临界点时，就会迅速地得到单分散的晶核，将量子点的成核过程和生长过程分开，实现了快速成核和缓慢生长，很好地控制了量子点的尺寸大小和均匀性，如图 1-1 所示[20,21]。

高温热注入法制备量子点的成核和生长动力学过程依赖于反应温度、前驱体的浓度和反应活性以及表面活性剂的种类（正十二硫醇、油酸、油胺、十八胺、

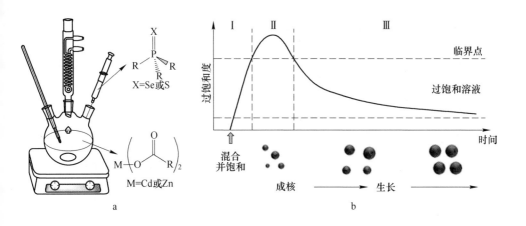

图 1-1　高温热注入法制备 II-VI 族量子点的示意图（a）和
过饱和自由度的演变图（b）[20]

三辛基膦和三辛基氧化膦等）[20,22~24]。

　　另外，也可将反应所需的阴离子前驱体、阳离子前驱体和表面活性剂等同时放入反应容器中，将温度升至反应温度，反应适当时间即可，即有机相前驱体高温热分解法。2006 年，Nakamura 等人利用这种方法制备了三元 CuInS$_2$ 量子点，并引入 Zn 元素，制备了四元 Zn-Cu-In-S 量子点，发射光谱在 550~800nm 范围内可调，发光效率约为 5%[25]。2011 年，Klimov 研究小组利用此法制备了红光发射的 CuInS$_2$ 量子点，在包覆 CdS 和 ZnS 壳层后，其发光量子效率可达 86%，如图 1-2 所示[26]。

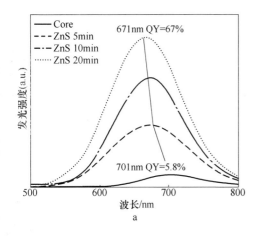

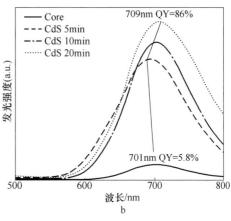

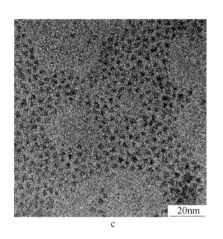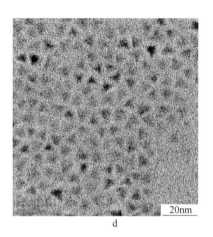

图 1-2　CuInS$_2$ 晶核在包覆不同厚度 ZnS（a）和 CdS（b）壳层后的发光光谱以及

CuInS$_2$ 裸核（c）与 CuInS$_2$/ZnS 核/壳量子点（d）的透射电镜照片[26]

1.1.2　低维系统态密度

低维系统一般包括三种结构：零维结构（量子点），一维结构（直径为纳米量级的棒、管和线）和二维结构（纳米量级的薄膜和层状结构等）。这些低维结构具有与体材料不同的态密度分布，所以二者有着很多不同的性质。限制在零维结构中的电子和空穴的能量是量子化的，能级是分立的[6,7]。量子点的态密度函数介于原子与分子的分立状态和体材料的连续状态之间。从三维结构演变到零维结构时，能量的量子化则反映在态密度函数 $N(E)$ 上，如图 1-3 所示为不同的系统所对应的态密度函数。

对于一个三维系统，其态密度函数 $N(E)$ 与能量 E 的关系如式（1-2）所示：

$$N(E) \propto E^{1/2} \tag{1-2}$$

是连续曲线，呈抛物线形状。

对于一个零维系统，如量子点，态密度函数 $N(E)$ 则是一系列线状的 δ 函数，如式（1-3）所示：

$$N(E) \propto \sum_{\varepsilon_i} \delta(E - \varepsilon_i) \tag{1-3}$$

式中，ε_i 代表分立能级[6,7]。

1.1.3　量子限域效应

在体材料中，受激产生的电子-空穴对距离较远，二者间的库仑相互作用较

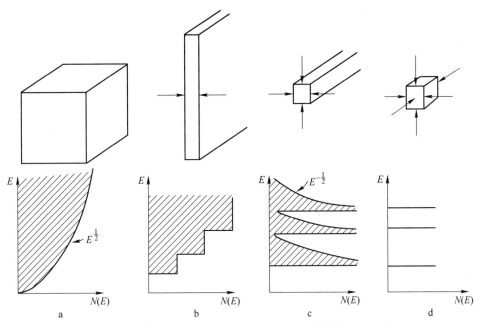

图 1-3 三维结构（a）、二维结构（b）、一维结构（c）和
零维结构（d）的态密度变化示意图[6]

弱，电子-空穴对相互束缚在一起的束缚能很小，进而成为自由载流子[27]。当粒子尺寸减小到纳米尺度时，电子被局限在纳米空间，电子平均自由程很短，空穴容易与之束缚在一起，形成束缚的电子-空穴对，即激子。电子与空穴波函数交叠，随粒径减小，交叠程度增大，使得单位体积内微晶振子强度增大，最终导致激子带的吸收系数增大，吸收和发光蓝移，我们将其称为量子限域效应。量子点粒径越小，蓝移越大，以 CdSe 量子点为例，随着尺寸的减小，其吸收光谱逐渐蓝移，发光颜色也可从红光一直移动到蓝光，如图 1-4 所示。

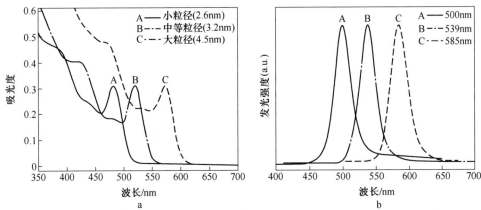

图 1-4 三种尺寸的 CdSe 裸核量子点在甲苯溶液中的 UV-Vis 吸收（a）和发光光谱（b）[4]

电子-空穴对之间的距离称为激子波尔半径（r_B）。对于体材料，激子波尔半径可表述为式(1-4)[6,7]：

$$r_B = \frac{h^2 \varepsilon}{e^2}\left(\frac{1}{m_e} + \frac{1}{m_h}\right) \tag{1-4}$$

式中，ε 为材料的介电常数；m_e 和 m_h 分别为电子和空穴的有效质量。激子波尔半径是量子限域效应的阈值，当量子点的半径 $R \leqslant r_B$ 时，电子和空穴的运动受限，量子点带隙变宽，激子跃迁能量增大，吸收和发光蓝移。基于有效质量近似模型（Effective Mass Approximation，EMA）[28,29]，带隙的变化 ΔE_g 可以表示为式(1-5)：

$$\begin{aligned}
\Delta E_g &= \frac{h^2 \pi^2}{2\mu R^2} - \frac{1.8 e^2}{\varepsilon R} \\
&= \frac{h^2 \pi^2}{2 R^2}\left(\frac{1}{m_e} + \frac{1}{m_h}\right) - \frac{1.78 e^2}{\varepsilon R} - 0.248 E_{Ry}
\end{aligned} \tag{1-5}$$

式中，第一项为量子限域能；第二项为电子-空穴对的库仑相互作用能；E_{Ry} 为里德伯能，与尺寸无关。虽然，该模型在量子点带隙定量计算中，尤其在量子点尺寸很小时，计算结果与实验结果间存在一定偏差，但足以定性地分析带隙与尺寸之间的变化关系。量子限域能和库仑相互作用能分别与 $1/R^2$ 和 $1/R$ 成正比，前者可增加带隙能量，后者可减小带隙能量。当 R 很小时，量子限域能对 R 值变化更为敏感，随着 R 的减小，量子限域能的增加会超过库仑相互作用能，导致吸收和发光蓝移，即量子限域效应。

1.1.4 表面效应

以量子点为例，半径为 R，其表面积与 R^2 成正比，而体积与 R^3 成正比，故其比表面积（表面积/体积）与半径 R 成反比[30]。随着量子点尺寸减小，比表面积将会明显增大，表面原子所占的百分比显著增加，如图1-5所示，导致表面原子配位不足，从而产生大量的悬键和不饱和键，使得量子点表面化学势升高，极不稳定，很容易与其他原子相结合[5,22,24]。并且这些不饱和配位原子会导致大量表面缺陷的产生，而这些表面缺陷通常充当无辐射复合中心，猝灭量子点的发光，降低其发光量子效率。因此，为了增加量子点的稳定性，消除表面缺陷态对量子点发光性质的影响，通常需要在量子点表面修饰有机配体或包覆宽带隙的半导体壳层进行钝化，修复表面悬键，消除由表面缺陷引入的无辐射复合中心[8,9]。

1.1.5 半导体量子点的发光性质

半导体量子点经外部能量激发后，电子从基态跃迁到激发态。处于激发态的

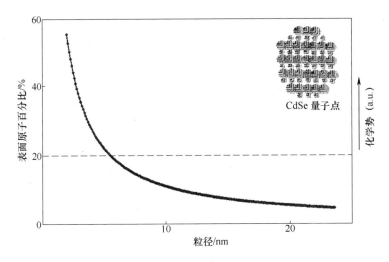

图 1-5　不同尺寸 CdSe 量子点的表面原子所占百分比与粒径的关系曲线[22]

电子可能会与空穴形成电子-空穴对，即激子。电子和空穴以辐射复合或无辐射复合的方式将能量释放掉，电子回到基态。辐射复合过程产生光子，无辐射复合过程产生声子或俄歇电子。电子和空穴辐射复合的途径主要包括带边辐射复合、缺陷态辐射复合和敏化中心辐射复合过程[31]。

（1）带边辐射复合[31]。最常见的辐射复合过程是本征半导体或绝缘体的带边或近带边（激子）复合。直接由导带的激发态电子与价带空穴复合产生发光的过程称为带边辐射复合，其释放的能量等于带隙能量。通常激发态电子会与价带空穴束缚在一起形成激子，束缚能约为几个毫电子伏，使得激子能量略小于带隙能量。因此，激子的复合属于近带边复合。

（2）缺陷态辐射复合[8,27,31]。尽管人们通过各种方式对量子点表面进行钝化，但是量子点的表面仍然存在许多悬键和不饱和键，产生大量的表面缺陷。另外，在核/壳量子点的核壳界面处，由于核材料与壳层材料间的晶格失配，会导致晶格畸变，产生很多界面缺陷。量子点中的辐射复合也可以来自以上这些缺陷态。缺陷态可以分为浅能级缺陷态和深能级缺陷态。距离导带或价带能级较近的为浅能级缺陷态，而距离导带或价带能级较远的为深能级缺陷态。通常，在极低温度下热能不足以将载流子从缺陷态中热激发出去，所以浅能级缺陷态表现为辐射复合发光，而深能级缺陷态的寿命通常很长，所以大部分的深能级缺陷态表现为无辐射复合。

（3）敏化中心辐射复合[31]。在实际应用中，大多数的发光材料不是利用带边复合机制发光，而是利用敏化中心复合机制发光。因为利用带边复合机制发光的材料的斯托克斯位移（Stokes Shift）通常较小，很容易发生自吸收，使得材料发光量子效率降低。敏化中心复合发光来源于施主与价带、导带与受主以及施主与受主间的电子和空穴复合。其发出的光子能量小于禁带宽度，因而具有较大的斯托克斯位移，能有效地抑制由于自吸收引起的发光量子效率降低。此类材料的发光性质取决于敏化中心的种类，适当地选择基质和掺杂离子，可得到不同波段的发光。敏化中心通常不是孤立的，会受到周围基质晶格的影响，因不同敏化中心受影响程度不同，可以分为分立发光中心与复合发光中心。

分立中心发光是指由局域在敏化中心内部的电子跃迁产生的发光。电子只是获得能量被激发，但并没有离开敏化中心，因而敏化中心与基质晶格间的耦合较弱，所以分立中心发光是敏化中心内部的跃迁。稀土离子 Cr^{3+} 和过渡族金属离子 Mn^{2+} 属于这类发光中心。复合中心发光是指电子被激发后，离开原来的敏化中心，进入导带，再与离化的敏化中心内的空穴复合产生的发光。这类敏化中心与基质晶格间的耦合作用较强，基质吸收能量，以能量传递或碰撞激发的方式将能量传递给敏化中心。因为基质的导带参与发光过程，所以通过调控基质导带的位置不仅可以调节量子点的吸收带边，还可以调节发光峰位。过渡族金属离子 Cu^{2+} 就属于这类发光中心。

1.2 半导体量子点太阳能电池及其发展现状

化石能源（煤炭、石油和天然气等）日益枯竭，温室效应带来的生态灾难频频发生，原子能源的安全性及核废料的处理受到公众质疑，能源问题已经成为制约国际社会经济发展的瓶颈[32~35]。越来越多的国家开始实行"阳光计划"，开发可再生的清洁能源，尤其是太阳能资源，寻求经济发展的新动力。太阳能电池共经历了三个时代[34,36~38]。第一代太阳能电池是以单晶硅和多晶硅为光敏材料的太阳能电池，这种太阳能电池已经商品化，最高功率转换效率可以达到 25%[38]，但其制造成本很高。第二代是多元化合物（CdTe、$CuInSe_2$ 和 $CuIn_xGa_{1-x}Se_2$ 等）薄膜太阳能电池，其材料和加工成本较第一代太阳能电池明显降低，然而该类电池的效率普遍低于第一代太阳能电池[34,37,38]。由于半导体量子点具有很多独特的性质，例如尺寸调谐的带隙、可溶液处理、高的消光系数及多激子效应等，基于半导体量子点的太阳能电池引起了科研人员的广泛关注，并被认为是最具潜力的第三代光伏器件。量子点太阳能电池按照载流子分离机制可分为肖特基结量子点太阳能电池，耗尽型异质结量子点太阳能电池和量子点敏化太阳能电池[34,37~40]。

1.2.1 肖特基结量子点太阳能电池

此类电池结构非常简单，通过在 ITO 透明导电电极上涂覆量子点光敏层，与 ITO 电极形成欧姆接触，再在量子点层上加载一层具有低功能函数的金属电极

（铝、钙和镁等），在其内部形成自建电场，如图 1-6 所示[34,38,39,41]。量子点光敏层吸收太阳光产生电子-空穴对，然后在半导体量子点/金属电极界面分离。PbS 和 PbSe 量子点被广泛地应用于肖特基结量子点太阳能电池的构建。2007 年，Sargent 研究小组证明将量子点表面的长烷基链替代为短链配体能够改善载流子的传输，并制备了第一个基于 PbS 量子点的肖特基结量子点太阳能电池，其 AM 1.5G 功率转换效率可达 0.5%[42]。通过缓慢生长法制备的 PbS 量子点，能有效

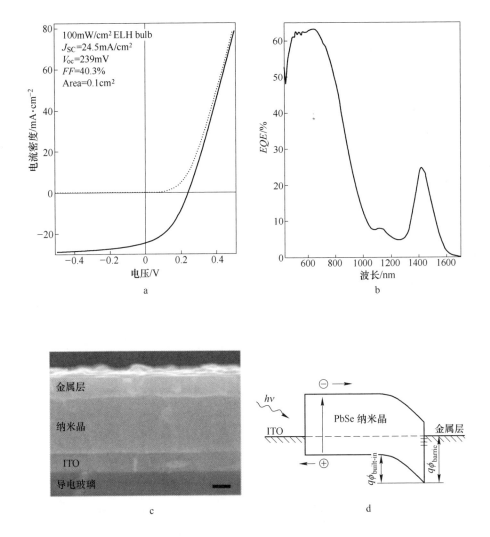

图 1-6　肖特基结 PbSe 量子点太阳能电池[41]

a—太阳能电池器件的 I-V 曲线；b—外量子效率曲线；

c—断面扫描电镜照片；d—能级示意图

地降低量子点表面缺陷的数量，用此量子点作为光敏材料很大程度上改善了电池的开路电压和填充因子，最终得到转换效率为 3%~4% 的肖特基结 PbS 量子点太阳能电池[43,44]。同时，基于高质量的 PbSe 量子点的肖特基结太阳能电池的光电转换效率也可达 4.5%[45,46]。2009 年，Alivisatos 及其合作者选用 PbS$_x$Se$_{1-x}$ 三元量子点作为光敏材料，优化了器件的开路电压和短路电流，获得了转换效率为 3.3% 的肖特基结量子点太阳能电池[47]。肖特基结量子点太阳能电池的优点是制作工艺简单[38]，量子点层可以通过喷墨打印或喷雾涂覆的方法制备，有利于实现大规模生产。缺点[34,39] 是太阳光经过透明 ITO 电极被量子点层吸收，光生少数载流子（电子）必须穿过整个光敏层到达金属电极，在此过程中易发生再复合过程，同时也限制了光敏层的厚度，影响了对太阳光的利用率。另外，肖特基结量子点太阳能电池受半导体/金属界面缺陷态引起的费米能级钉扎效应的影响，开路电压通常较低，上限大约只为量子点带隙的 1/2[34]。

1.2.2　耗尽型异质结量子点太阳能电池

耗尽型异质结量子点太阳能电池的主要结构是量子点光敏层像三明治一样夹在金属电极和电子传输层（一般为 TiO$_2$）之间，光生电子流向 TiO$_2$ 层而不是金属电极，因此该类电池的极性较肖特基结量子点太阳能电池是反转的[34,38,39]。2010 年，Sargent 研究小组报道了一种基于纳米介孔 TiO$_2$ 薄膜和 P 型的 PbS 量子点光敏层的耗尽型异质结太阳能电池，如图 1-7 所示，其转换效率可达 5%[34,39]。这种 TiO$_2$/PbS 异质结量子点太阳能电池较肖特基结量子点太阳能电池具有以下优点[34,39]：第一，太阳光经过透明的电子传输层（TiO$_2$）被光敏层吸收产生电子-空穴对，电子-空穴对在 TiO$_2$/PbS 界面实现分离，电子直接被 TiO$_2$ 层收集而无须像肖特基结电池那样穿过量子点层到达金属电极；第二，较肖特基结构，耗尽型结构因存在电子受体 TiO$_2$，更有利于实现高效的电荷分离；第三，开路电压得到提高。缺点：缺少对光生空穴的抽取。

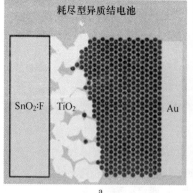

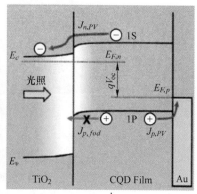

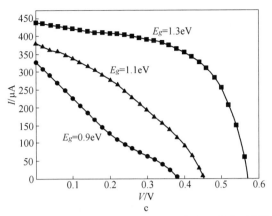

图 1-7　耗尽型异质结 PbS 量子点太阳能电池[34]
a—太阳能电池器件的结构图；b—能级示意图；c—I-V曲线

1.2.3　量子点敏化太阳能电池

　　量子点敏化太阳能电池与传统的染料敏化太阳能电池的结构和工作原理基本相同，唯一不同的就是，在染料敏化太阳能电池中，选用有机染料作为光敏材料，而在量子点敏化太阳能电池中，光敏材料为半导体量子点[38,40]。量子点敏化太阳能电池通常包括以下几个部分：工作电极（通常是 TiO_2）、光敏层、电解质和对电极[34,36~40,48~50]。首先，量子点层吸收太阳光产生电子-空穴对，电子注入到电子受体 TiO_2，空穴则被电解质俘获，实现电荷的分离[34]。按照电解质的种类分类，量子点敏化太阳能电池可以分为全无机量子点敏化太阳能电池，有机-无机复合型量子点敏化太阳能电池和液态结量子点敏化太阳能电池[37,48,50]。由于量子点和一些典型的无机空穴导体材料（CuSCN 和 CuI）间存在化学不相容性，不能实现很好的接触，使得电荷分离效率较低，所以此类全无机的固态量子点敏化太阳能电池并不多见[37,51]。通过将量子点与有机共轭聚合物混合（Spiro-OMeTAD 和 P3HT 等）或者将二者作为分立层构建了有机-无机复合型量子点敏化太阳能电池，电荷分离发生在量子点/有机聚合物界面。由于有机物低的载流子迁移率，在制备此类电池时，光敏层的厚度通常在 100nm 以内，这限制了器件对太阳光的利用率，从而限制了其光电转换效率[38]。同时有机-无机材料间通常会存在相分离，使得界面电荷分离效率较低，影响了器件性能[52~55]。由于制备方法简单以及液体电解液（如聚硫化合物 S^{2-}/S_n^{2-}）和量子点敏化的 TiO_2 光电极间可形成保形的结构，液态结量子点敏化太阳能电池已成为当前优先选择的设计结构[37]，如图 1-8 所示。下面将对基于液态电解质的量子点敏化太阳能电池的发展现状作简要阐述。

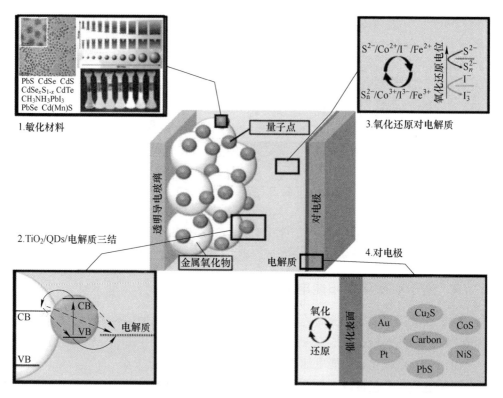

图 1-8 基于液态电解液的量子点敏化太阳能电池器件结构示意图[48]

最初基于单一光敏材料 CdS 或 CdSe 的量子点敏化太阳能电池的功率转换效率只有 1%～3%[36,56]。采用 CdS/CdSe 共敏化能够拓展其在可见光区的吸收，通过 ZnS 阻挡层的钝化，效率可以达到 4% 左右[57]。2012 年，Zhong 研究小组利用高温热注入法制备了不同壳层厚度的反 I 型 CdS/CdSe 核/壳量子点，经配体交换转为短链巯基丙酸分子（MPA）包覆的水相量子点，并用此反 I 型量子点敏化 TiO_2 光电极，经 ZnS 层钝化并热处理后得到转换效率为 5.32% 的量子点敏化太阳能电池[58]。同年，Kamat 研究小组通过在 CdS 层掺杂 Mn^{2+}，很大程度地改善了电池性能，并选用 Cu_2S/氧化石墨烯作为对电极构建了功率转换效率为 5.4% 的 Mn 掺杂 CdS/CdSe 量子点敏化太阳能电池[59]。2013 年，Zhong 研究小组选用具有近红外吸收的 $CdSe_xTe_{1-x}$ 合金量子点作为光敏材料，制备出效率为 6.36% 的量子点敏化太阳能电池[60]，利用 II 型 CdTe/CdSe 核/壳量子点制备的量子点敏化太阳能电池的效率达到 6.76%[61]。

CdSe 作为半导体量子点中的经典材料，因具有吸收和发光随尺寸可调、发光量子效率高以及光稳定性好等优点[62]，使得近三十年来对 CdSe 量子点的研究长盛不衰，对 CdSe 量子点的认识也比较成熟。然而，CdSe 量子点中因含有可致癌的重金属元素 Cd，严重阻碍其将来的商品化进程，使其应用前景渺茫。I-III-VI族半导体，如 $CuInS_2$，不含 Cd 和 Pb 等重金属元素，拥有 1.5eV 的直接光学带隙，能够与太阳光谱很好地匹配，并具有大的吸收系数，因此 $CuInS_2$ 是一种非常理想的光伏材料[26,63~70]。早期基于液态电解质的 $CuInS_2$ 量子点敏化太阳能电池的功率转换效率一般为 1% 左右[71~74]。2012 年，Li 等人通过引入 CdS 钝化层，获得了转换效率为 4.2% 的 $CuInS_2$/CdS 核/壳量子点敏化太阳能电池[75]。2013年，Kamat 研究小组同样通过引入 CdS 钝化层，有效地钝化了 $CuInS_2$ 量子点的表面缺陷，并且 $CuInS_2$/CdS 核/壳量子点可能具有 II 型能带结构，有利于实现高效的电荷分离，获得了转换效率为 3.91% 的电池器件[76]。同年，Luo 等人制备了效率为 4.69% 的 $CuInS_2$/CdS 核/壳量子点敏化太阳能电池，将 Mn^{2+} 掺杂到 CdS 壳层中，降低了电子与空穴和电解液的复合机率，将电池效率进一步提高到 5.38%[77]。2014 年，Zhong 研究小组利用 $CuInS_2$/ZnS 核/壳量子点作为光敏材料制备出转换效率高达 7% 的量子点敏化太阳能电池[78]。

1.3 碳纳米点的制备与光电性质

碳元素作为自然界最重要的元素之一，以其独特的性质形成了以碳为骨架的各类有机化合物。这些有机化合物不仅是组成生命体的重要部分，而且构成了人类赖以生存的整个地球。近年来，由碳元素构成的各种纳米材料诸如富勒烯、石墨烯、碳纳米管和碳纳米点（CD）等不断被发现，碳纳米材料以其优良的性质成为 21 世纪科技创新的前沿领域[79~85]。尤其作为一种新型的碳纳米材料，碳纳米点因具有良好的水溶性、稳定性、低毒性、抗光漂白以及很好的生物相容性，正引起人们极大的关注，有望替代有机染料和多含重金属元素（Cd 和 Pb）的半导体量子点在生物成像与传感[86~91]、光催化[92~98]及光电器件[99~106]等领域的应用，如图 1-9 所示。

1.3.1 碳纳米点的制备

作为新型碳纳米材料，碳纳米点以其优异的物理和化学性质吸引了国内外学者的广泛关注和研究。为制备出荧光性能优良，且制备方法便捷、经济的碳纳米点，世界各国研究人员经过不懈的努力，已经建立了多种制备碳纳米点的新方法[81,83~85]，如图 1-10 所示。这些方法可以概括为两大类："自上而下"和"自下而上"法。

"自上而下"法是指通过例如电弧放电[107]、激光消融[108,109]以及电化学[110~114]等方法将一些大尺寸的碳结构例如石墨、氧化石墨、碳纳米管、炭黑和活性炭等打碎，直到成为纳米颗粒。

（1）电弧放电法。2004 年，Xu 等人从弧光放电灰中纯化单壁碳纳米管时发

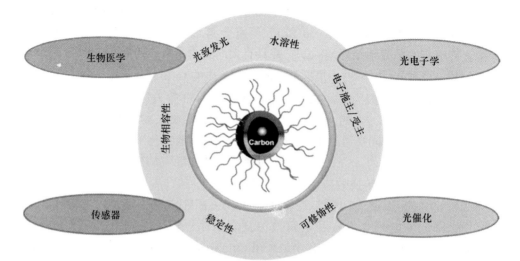

图 1-9 具有独特性质的碳纳米点在生物、光催化及光电器件等领域的潜在应用[81]

现并分离出来一种新型的荧光碳纳米材料[107]。他们首先用硝酸氧化弧光放电灰，引入羧基来改善弧光放电灰的水溶性，然后用氢氧化钠溶液萃取获得了粗单壁碳纳米管悬浮液。通过凝胶电泳法将这种悬浮液分离为三部分：单壁碳纳米管、短碳纳米管和一种发光材料（荧光碳纳米点）。此类方法制备的碳纳米点发光量子效率高，但是产率较低，而且纯化过程复杂，产物收集困难。

（2）激光消融法。2006 年，Sun 研究小组首次使用激光消融碳靶物的方法获得了荧光碳纳米点[108]。其制备过程是：通过热压石墨粉与黏土的混合物得到碳靶物，然后在氩气流中经过逐步地烘焙、固化和退火，并用 Q-switched Nd：YAG（1064nm，10Hz）激光器在氩气-水蒸气流中对该碳靶物进行激光刻蚀，得到碳纳米点粗产物。但是这些碳纳米点荧光很弱，经过硝酸氧化并用有机聚合物分子进行表面包覆之后，得到了发光量子效率较高的碳纳米点水溶液。此方法的缺点是制备过程复杂、实验方法苛刻以及成本高昂。2009 年，Hu 等人通过激光消融有机溶剂内的碳粉悬浮液，并通过改变有机溶剂的种类制备出了不同发光性质的荧光碳纳米点[109]。

（3）电化学法。2007 年，Zhou 等人首次利用电化学法制备了碳纳米点[110]，制备过程为：在碳式复写纸上利用化学气相沉积法生长多壁碳纳米管，然后以碳纳米管为工作电极，铂丝为对电极，Ag/AgClO$_4$ 为参比电极，电解液为含四丁基高氯酸胺的乙腈液，得到了粒径为（2.8±0.5）nm 的蓝光发射的水溶性碳纳米点。2008 年，Zhao 等人通过类似的电化学法氧化石墨柱得到了两种粒径分别为（1.9±0.3）nm 和（3.2±0.5）nm 的蓝光和黄光发射的荧光碳纳米点[111]。2009 年，Zheng 等人通过类似的电化学方法氧化石墨棒得到粒径分别为 2nm 和 20nm

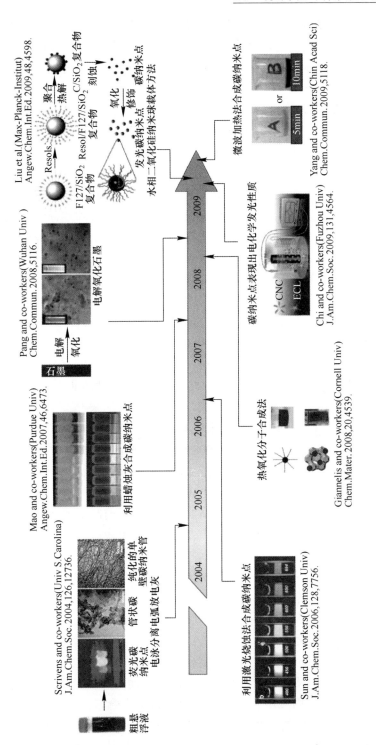

图1-10 制备碳纳米点的各类方法[83]

的荧光碳纳米点[112]。2010 年，Li 等人报道了在 NaOH 和乙醇的混合溶液中，石墨棒同时作为阴极和阳极，通过电化学电解，得到反应粗产物，通过色谱分离后，成功制备出粒径范围为 1.2～3.8nm 的蓝光、绿光、黄光和红光发射的碳纳米点[113]。

"自下而上"法，形象地说是由小变大的方法，是指以分子前驱体为原料，例如柠檬酸盐和碳水化合物等，通过氧化或腐蚀[115~120]、热解有机物[121~125]以及微波加热[126~128]等方法来制备碳纳米点。

(1) 化学氧化法。将碳源先用强酸或强碱腐蚀氧化，再经纯化得到荧光碳纳米点，我们将这一类方法统称为化学氧化法。2007 年，Mao 等人以蜡烛燃烧后收集到的蜡烛灰为碳源，将其与硝酸混合进行表面氧化，通过加热回流得到均一的黑色溶液，冷却之后，再经离心分离、透析和凝胶电泳分离等后处理得到粒径约 1nm 的荧光碳纳米点，且不同的碳纳米点分离样品的发射波长也不同[115]。2009 年，Ray 等人用同样的方法制备了荧光碳纳米点，经高速离心获得了不同尺寸及发光量子效率的碳纳米点[116]。同年，Tian 等人以天然气燃烧后收集到的烟灰为碳源，将其与硝酸混合进行表面氧化，通过加热回流 12h，再经离心分离和透析纯化，得到尺寸为 (4.8±0.6) nm 的荧光碳纳米点[117]。2012 年，Peng 等人通过用酸处理碳纤维获得了荧光碳纳米点，并发现通过控制反应温度可以很好地控制碳纳米点的尺寸及发光性质[118]。2013 年，Bhunia 等人通过用浓 H_3PO_4 或浓 H_2SO_4 将多种糖类碳化，制备了不同颜色光发射的碳纳米点[119]。

(2) 高温热解法。高温热解法是报道较早的制备碳纳米点的方法，同时也是较早制备出功能化碳纳米点的方法。2008 年，Bourlinos 等人以柠檬酸盐为碳前驱体，通过一步热分解法制备了表面钝化的有机相和水相荧光碳纳米点[121]。该法通过选择不同碳源及表面钝化剂制备出表面钝化精细可控的碳纳米点，为碳纳米点的进一步应用打下了坚实的基础。高温热解法是目前制备碳纳米点较为简单快速的方法，且该法制备的荧光碳纳米点发光量子效率较理想。

(3) 微波法。微波技术已经成为一种重要的合成化学手段。2009 年，Zhu 等人报道了一种简单、经济的制备荧光碳纳米点的微波辅助热解法[126]，具体过程为：将一定量的聚乙二醇（PEG-200）和糖类物质（葡萄糖和果糖等）溶解在蒸馏水中形成透明溶液，然后将该溶液在 500W 的微波炉中加热 2～10min，随着反应的进行，溶液颜色由无色逐渐变为黄色，最后为黑色，即得到了荧光碳纳米点。通过改变微波处理时间，可以很好地控制碳纳米点的尺寸及发光特性。微波处理时间越久，碳纳米点尺寸越大，发光向长波长移动。2011 年，Wang 等人报道了一种以碳水化合物（丙三醇、乙二醇、葡萄糖及蔗糖等）为碳源制备荧光碳纳米点的简单、绿色环保的一步微波辅助合成法[127]。2012 年，Qu 等人以柠檬酸为碳源，尿素为氮源，通过微波法制备出了高发光量子效率的碳纳米点[128]，所制备的碳纳米点水溶液可以作为一种新型的荧光墨水应用到生物成像、生物产品鉴定、信息存储、信息加密、防伪、照明与显示、传感以及光伏器件等多种领域。

1.3.2 碳纳米点的光吸收

通常，碳纳米点在紫外区具有很强的光吸收，并在可见区伴有较弱的拖尾吸收，如图 1-11 所示。大多数通过激光消融法、电化学法、化学氧化法和微波法制备的碳纳米点的主要吸收谱带均位于紫外区（260～320nm）。碳纳米点经表面钝化 4，7，10-三氧-1,13-十三烷二胺（TTDDA）或者有机硅烷分子后，其吸收可以拓展到长波区域[81,83,84]。通过特殊的制备或者后处理方法得到具有可见光区吸收的碳纳米点，拓展其在可见光区的吸收，对于碳纳米点在光伏及光催化领域的应用具有重要的意义。

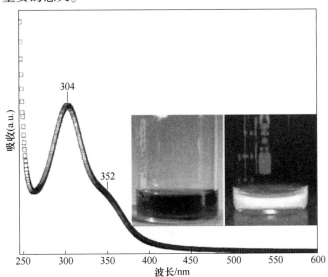

图 1-11　典型的以化学氧化法制备的碳纳米点的 UV-Vis 吸收光谱[96]

1.3.3 碳纳米点的发光性质

碳纳米点作为一种新型的发光材料，与传统的有机荧光染料分子相比，具有发光稳定性好和抗光漂白的特点。为了获得高发光量子效率的碳纳米点，人们发明了很多不同的碳纳米点制备方法，如前面所述，以获得高发光量子效率的碳纳米点。同时，通过元素掺杂（如氮掺杂）也能有效地提高碳纳米点的发光量子效率[85]。另外，适当的表面钝化是必须的，例如，通过激光消融法制备的碳纳米点发光量子效率并不高，但是经过适当的表面钝化后，其发光量子效率得到明显提高[81,83~87]。目前，碳纳米点在水溶液中的发光量子效率可达 60% 左右[81,83~87,129,130]。另外，碳纳米点最具特色的是其激发波长依赖的发光性质[108]，如图 1-12 所示。

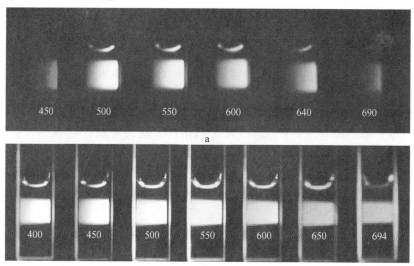

图 1-12   PEG$_{1500N}$修饰的碳纳米点水溶液在 400nm 光激发下经不同波长带通滤波片后（a）

以及不同波长激发下（b）的荧光照片[108]

目前，人们仍不清楚碳纳米点激发波长依赖的发光到底是来源于不同尺寸的碳纳米点的发射，还是碳纳米点表面不同的发光中心或者其他的机制。Zhao 等人认为碳纳米点激发波长依赖的发光源于不同尺寸分布的碳纳米点，而不是相近尺寸碳纳米点不同的发光中心[111]。Kang 等人也认为碳纳米点这种独特的发光性质源于不同尺寸碳纳米点的量子限域效应。他们将电化学法制备的碳纳米点经氢等离子体处理以除掉碳纳米点表面的氧，在处理之前和之后并没发现碳纳米点的发光性质有任何改变。同时，他们通过理论计算碳纳米点尺寸与发光性质间的关系，进一步证明了碳纳米点的发光来源于碳纳米点内量子尺寸的石墨片[113]。Sun 等人则认为碳纳米点表面存在很多能量陷阱，在进行表面钝化后这些本不发光的表面能量陷阱能够发射光子，而且存在某种量子限域效应影响这些表面能量陷阱的发光[108]。Hu 等人[109]和 Li 等人[131]认为碳纳米点的发光本质来源于其表面含碳或者氧的自由基以及含氧基团，激发波长依赖的发光源自不同尺寸分布的碳纳米点。Wang 等人通过表面化学还原的方法改变碳纳米点表面的官能团，发现碳纳米点的发光性质在发生改变，并认为碳纳米点的绿色发光来自表面的边缘态，包括几个碳原子骨架和功能化的基团[132]。另外，碳纳米点的发光性质可以通过掺杂氮元素进行调节，Qu 等人以柠檬酸为碳源，尿素为氮源，经微波法制备了发光量子效率为 36% 的氮掺杂碳纳米点，并以此实现了绿色的激光发射，他们认为此类碳纳米点的绿光发射来自碳纳米点内部的本征态的发射[133]。由此可见，在碳纳米点的发光本质方面仍存在很大争议，发光来源尚不清晰。同时，碳纳米点存在严重的聚集引起的固态发光猝灭，很大程度上限制了碳纳米点在发光器件方面的应用[81]。目前，探究碳纳米点的发光本质以及解决碳纳米点固态发光猝灭是关键。

1.3.4 碳纳米点的光诱导电子转移性质

碳纳米点的发光能够被电子受主或者电子施主有机分子猝灭，意味着碳纳米点是良好的电子施主和受主材料[83,84]。Zhang 等人发现经电化学法制备的碳纳米点的发光既可以被电子受主 2,4-dinitrotoluene 分子猝灭，也可被电子施主 N,N-diethylaniline 分子猝灭[134]，如图 1-13 所示。

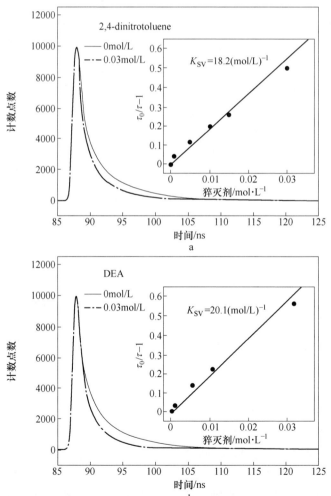

图 1-13　碳纳米点甲苯溶液未加入（直线）和加入（点划线）电子受主 2,4-dinitrotoluene 分子（a）或电子施主 N,N-diethylaniline 分子（b）的荧光衰减曲线[134]

同时，在碳纳米点/氧化石墨烯复合结构中也同样发现了此类由碳纳米点到氧化石墨烯的电子转移过程[135]。碳纳米点的这些有趣的光诱导电子转移性质有望使其在光能转换领域得到应用。

1.4 碳纳米点光电器件及其发展现状

1.4.1 碳纳米点敏化太阳能电池

碳纳米点因具有低成本、水溶性、低毒性、抗光漂白和好的生物相容性等特点，正引起人们极大的关注[81~87]。另外，由于碳纳米点具有宽的吸收谱带、大的消光系数、可溶液处理以及好的稳定性等优点，有望替代有机染料和多含重金属元素的半导体量子点在光伏领域的应用[84,105]。同时，碳纳米点的发光能够被电子受主或者电子施主有机分子猝灭，意味着碳纳米点是良好的电子施主和受主材料[83,84]。碳纳米点的这些有趣的物理、化学以及光诱导的电子转移性质均表明其可以成为很好的光敏材料。众所周知，在染料敏化太阳能电池中，有机染料分子（如 Ru 族分子）表面含有大量的羧基，能够通过 TiO_2 表面的羟基键合到 TiO_2 薄膜电极上，改善 TiO_2 的光敏特性。而碳纳米点表面同样含有大量的亲水基团羧基，使得碳纳米点也能够像有机染料分子一样敏化到 TiO_2 纳米粒子表面[105]。并且碳纳米点中的光生电子被证明可以转移到 TiO_2[92~95]，而且基于碳纳米点和 TiO_2 的复合结构也已在光伏领域得到应用[105,106]。

2012 年，Mirtchev 等人利用化学氧化法制备了稳定的水溶性碳纳米点。该碳纳米点表面含有大量的羧基、羟基以及硫化的基团，能够很好地吸附到 TiO_2 纳米粒子表面，并以此首次制备了碳纳米点敏化太阳能电池，如图 1-14 所示，其功率转换效率为 0.13%[105]。该碳纳米点敏化太阳能电池的开路电压和填充因子分别为 0.38V 和 0.64，均可与 Ru 族染料敏化太阳能电池的性能指标相比拟，而较低的短路电流是导致器件性能低下的主要原因。作者认为导致器件短路电流不理想的主要原因是其所使用的碳纳米点含有大量的缺陷，缺陷属于不稳定的能量耗散体，不利于实现有效的光诱导的电子转移，从而使短路电流值不高。另外，TiO_2 介孔薄膜电极表面碳纳米点的吸附量偏少，对光的吸收能力差，也是导致器件短路电流偏低的主要原因。

2014 年，Bian 等人选用碳纳米点作为敏化剂来改善 TiO_2 纳米棒阵列（TNRA）的光敏性质，如图 1-15 所示[106]。通过改变碳纳米点在 TiO_2 纳米棒表面的覆盖度，他们发现存在优化的碳纳米点覆盖度使得光电极的光电流最大。太低的碳纳米点覆盖度不利于光吸收，而太高的覆盖度又会引起碳纳米点聚集。通过优化 TiO_2 纳米棒的长度，碳纳米点/TiO_2 纳米棒阵列复合电极在可见光区的IPCE 值可以从零增加到 1.2%~3.4%，表明碳纳米点可以作为潜在的光敏材料应

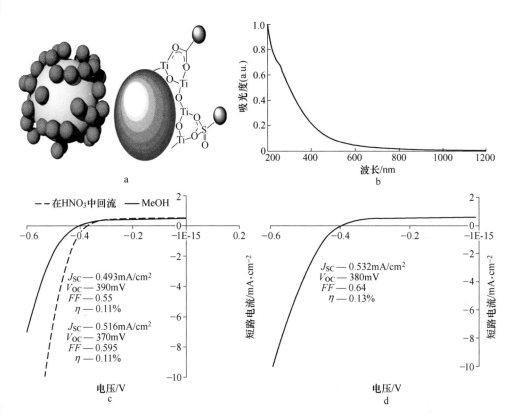

图 1-14 碳纳米点敏化的 TiO₂ 复合结构（a），石英基底上碳纳米点薄膜的 UV-Vis-NIR 吸收光谱（b），经碳纳米点 MeOH 溶液和经硝酸氧化的碳纳米点水溶液制备的碳纳米点敏化太阳能电池的 I-V 曲线（c）和经碳纳米点水溶液制备的碳纳米点敏化太阳能电池的 I-V 曲线（d）[105]

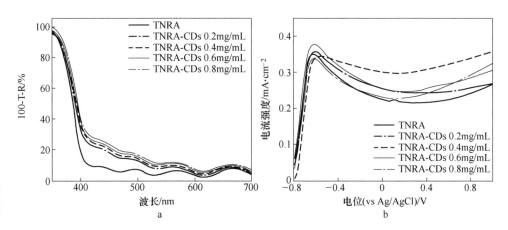

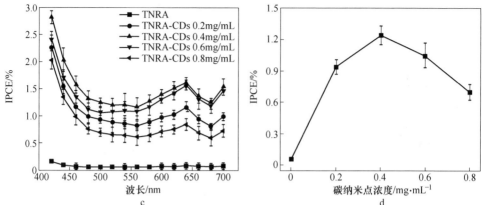

图 1-15　TNRA/CDs 复合物的 UV-Vis 吸收光谱（a）、*I-V* 曲线（b）以及 IPCE 曲线（c），500nm 处经不同浓度碳纳米点浸泡液制备的 TNRA/CDs 复合物的 IPCE 值（d）[106]

用于光伏领域。但是他们所选用的碳纳米点在紫外区有很强的光吸收，但在可见光区的吸收很弱，导致所制备的碳纳米点敏化的 TiO₂ 光电极性能不高。

1.4.2　碳纳米点发光二极管

碳纳米点因具有良好的水溶性、稳定性、低毒性、抗光漂白和很好的生物相容性，有望替代有机染料和多含重金属元素的半导体量子点在生物成像与传感、荧光图案构建、编码学及光电器件等领域的应用。高的发光量子效率是优化碳纳米点性能及拓展其应用领域的关键，诸多方法例如激光消融法、电化学法、化学氧化法以及微波法等被发明用来制备碳纳米点，并且多种手段如掺杂、表面钝化与修饰被用来改善碳纳米点的发光量子效率[81,83~87]。到目前为止，碳纳米点在水溶液中的发光量子效率已经达到 60% 以上[81,83~87,129,130]，可媲美于商业化的CdSe/ZnS 核/壳量子点。如此优异的光学性质很大程度上促进了碳纳米点在照明领域中的应用。

1.4.2.1　碳纳米点光致发光二极管

碳纳米点由于聚集会发生严重的固态发光猝灭，所以基于碳纳米点的固态发光器件的性能还差强人意[81]。目前，现有的少数基于碳纳米点的高效的固态发光材料体系，主要是将碳纳米点分散于有机聚合物基质以抑制其固态发光猝灭[102~104,129,136~140]。

2012 年，Guo 等人通过在不同温度下高温热解聚苯乙烯光子晶体，制备出了三种分别为蓝光、橙光和白光发射的碳纳米点。这种方法制备的碳纳米点能够溶解在多种极性有机溶剂（如乙醇和 DMF）和水中，在不进行任何表面钝化下发光量子效率可达 47%。并以此构建了蓝光、橙光和白光发射的碳纳米点发光二极管[103]，如图 1-16 所示。CIE 色坐标分别为（0.19，0.28）、（0.45，0.44）和（0.34，0.37）。虽然此种方法制备的碳纳米点无需分散于有机聚合物基质中便可以实现高效的固态发光，但是它们在蓝光区（360~400nm）的吸收很弱，而目前商用的 InGaN 蓝光二极管并不能很好地激发此类碳纳米点，导致器件效率不高。

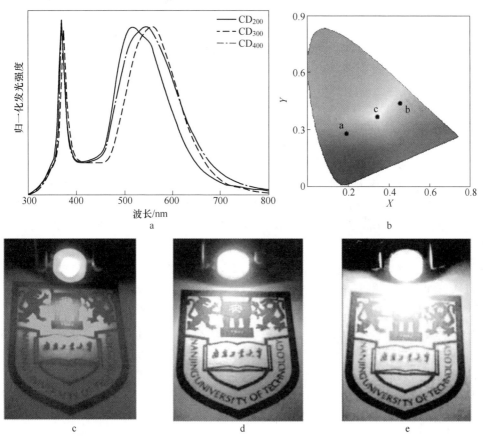

图 1-16　三种碳纳米点发光二极管的发光光谱（a）、CIE 色坐标（b）以及实物照片（c~e）[103]

2013 年，Kwon 等人制备了具有宽谱带发射的富氮碳纳米点。该碳纳米点在 360~450nm 具有很强的光吸收，能有效吸收来自商业化 InGaN 蓝光二极管的激发光。将这种碳纳米点分散于聚丙烯酸甲酯（PMMA）中，有效地抑制了碳纳米点聚集引起的固态发光猝灭，得到一种低成本、柔性、热稳定和绿色环保的发光薄膜，并将这种薄膜装载到 400nm 发射的 InGaN 发光二极管上，制备出基于碳纳米点的白光二极管[104]，如图 1-17 所示。在 50mA（3V）正偏电流下，该白光二极管发出 CIE 色坐标为（0.36，0.44）的冷白光，色温为 5080.4K，接近于传统的荧光灯管的色温，同时流明效率可达 108.2lm/W，与半导体量子点和稀土荧光粉白光二极管相比拟。

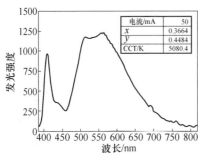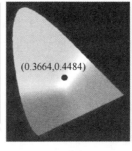

图 1-17 碳纳米点发光二极管的发光光谱（a）、CIE 色坐标（b）以及实物照片（c）[104]

2014 年，Kwon 等人利用一种制备碳纳米点的新方法——微乳液法制备出一种高质量、尺寸可控和表面油胺包覆的碳纳米点，发光量子效率可达 60%，并以此碳纳米点为荧光物质构建了碳纳米点发光二极管[102]。为了防止碳纳米点聚集引起的固态发光猝灭，他们将两种尺寸的碳纳米点 CD1（小尺寸）和 CD2（大尺寸）以及它们的混合物分别分散于透明的有机聚合物基质中。然后将所得的发光薄膜装载到 400nm 发射的 InGaN 蓝色发光二极管上，获得了发光分别为绿色、黄色和白色的碳纳米点发光二极管，如图 1-18 所示。由于所用碳纳米点具有高的发光量子效率以及与蓝光 InGaN 发光二极管匹配的吸收，所得器件的流明效率可达 100lm/W，与半导体量子点及稀土荧光粉发光二极管相当。

由此可见，碳纳米点存在严重的聚集引起的固态发光猝灭，严重地限制了碳纳米点在发光器件中的应用。为了实现碳纳米点高效的固态发光，通常是将碳纳米点分散于有机聚合物基质中以抑制碳纳米点的固态发光猝灭，但是利用这种方法得到的高效的碳纳米点发光材料往往具有固定的形状，在实际的应用中具有不易处理的缺点。因此，探究引起碳纳米点固态发光猝灭的原因以及探索实现碳纳米点高效的固态发光的新方法是关键。

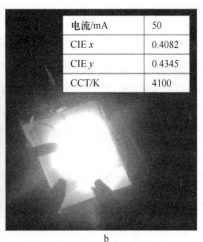

电流/mA	50
CIE x	0.2977
CIE y	0.4328
CCT/K	6300

电流/mA	50
CIE x	0.4082
CIE y	0.4345
CCT/K	4100

a

b

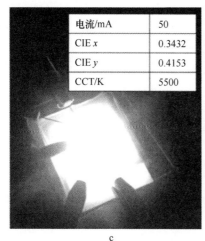
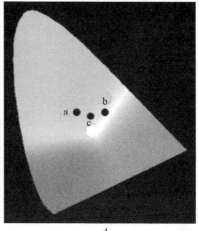

电流/mA	50
CIE x	0.3432
CIE y	0.4153
CCT/K	5500

c   d

图 1-18　基于 CD1（a）、CD2（b）及 CD1/CD2（c）的
发光二极管的实物照片和 CIE 色坐标（d）[102]

1.4.2.2　碳纳米点电致发光二极管

2010 年，Wang 等人以发光量子效率为 60% 的油相碳纳米点作为发光材料，采用正置的量子点电致发光二极管结构，通过优化碳纳米点层的厚度，首次构建出基于碳纳米点的白光发射的电致发光二极管[101]，如图 1-19 所示。其 CIE 色坐标为（0.40，0.43），显色指数为 82，并且在电压从 6V 增加到 10V 的过程中，色坐标与显色指数基本保持不变，表明该器件的稳定性很好。该白光二极管的开启电压为 6V，略高于量子点白光二极管，最大亮度为 35cd/m²（9V，160mA/cm²）。另外，最大外量子效率为 0.083%（电流密度：5mA/cm²），可比拟于量子点白光二极管的最大外量子效率（0.013%～0.36%）。但是，由于所采用的碳纳米点表面包覆有绝缘的长链有机分子（十六烷基胺），在碳纳米点表面形成一个势垒，阻碍电子和空穴到碳纳米点的注入，从而导致器件的开路电压偏高，外量子效率偏低。

2013 年，Zhang 等人以尺寸为 3.3nm、发光量子效率为 40% 的碳纳米点作为发光材料，选用正置结构制备了基于碳纳米点的电致发光二极管[100]，如图 1-20 所示，并通过改变电压得到了来自单一发光材料的多色的电致发光。

他们对碳纳米点的稳态光谱进行分析，认为碳纳米点激发波长依赖的发光性质意味着碳纳米点内具有不同的激发波长依赖的发光中心（中心波长分别为 420nm、460nm 和 580nm）。而通过对不同发光中心的时间分辨光谱进行分析，他们认为高能态的发光（420nm）寿命短，当被激发后电子弛豫快，在低电流密度下，电子优先注入到这些弛豫快的能态，所以发射蓝光。同理，低能态的发光

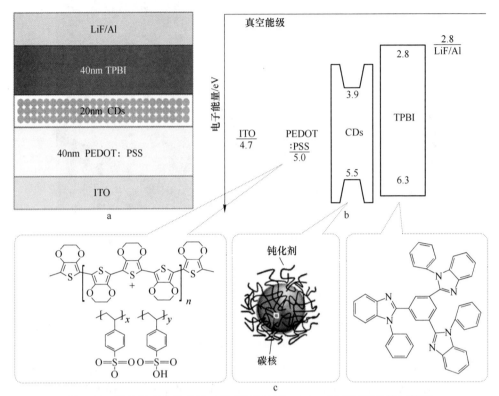

图 1-19 碳纳米点白光发光二极管器件结构（a），各层材料功能函数和
能级分布示意图（b）以及 PEDOT：PSS 和 TPBI 的分子结构（c）[101]

（460nm 和 580nm）寿命长，当被激发后电子弛豫慢，在高电流密度下，电子不
仅能够注入到高能态，也会注入到这些低能态，所以发射白光。基于此推论，将
LiF 电极的厚度从 1nm 增加到 5nm，降低了注入电流密度，获得了纯蓝色发光的
二极管器件，如图 1-21 左列所示，电流密度仅为 150mA/cm^2，最大亮度为
24cd/m^2。然后他们选用 ZnO 纳米粒子替代 TPBI 作为电子传输层，并去掉 LiF 层，
以增大注入电流密度。此时电子不仅能注入到高能态能级，也能注入到低能态能
级，最终得到了最大亮度为 90cd/m^2 的白光二极管，如图 1-21 右列所示。

1.4.3 碳纳米点/TiO$_2$ 复合结构光催化剂

全球日益凸显的环境和能源问题，使得人们迅速地将目光集中到光催化领域
（水净化和光催化制氢等方向）。由于半导体 TiO$_2$ 具有良好的化学稳定性、低成
本和无污染等诸多优良的特性，使得它作为最初的光敏材料在光催化领域得到了
广泛应用。但因为 TiO$_2$ 较宽的能量带隙（约 3.2eV）限制了其对太阳光的吸收，

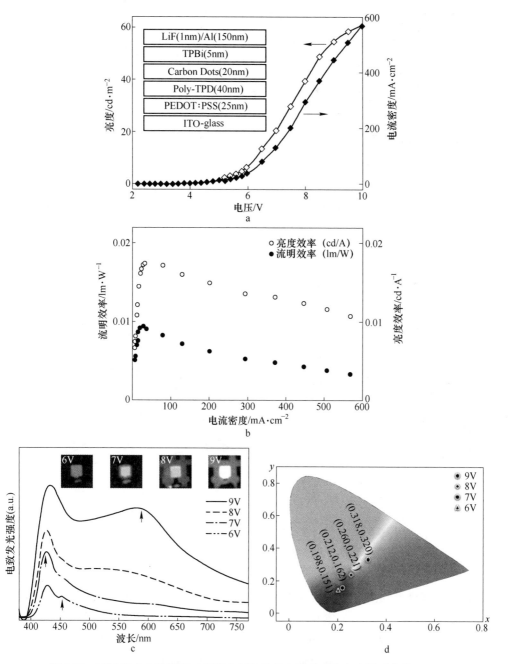

图 1-20 碳纳米点电致发光二极管电压依赖的电流密度和亮度关系曲线（a），
电流密度依赖的亮度和流明效率关系曲线（b），不同电压下的电致发光光谱和
实物照片（c）以及 CIE 色坐标（d）[100]

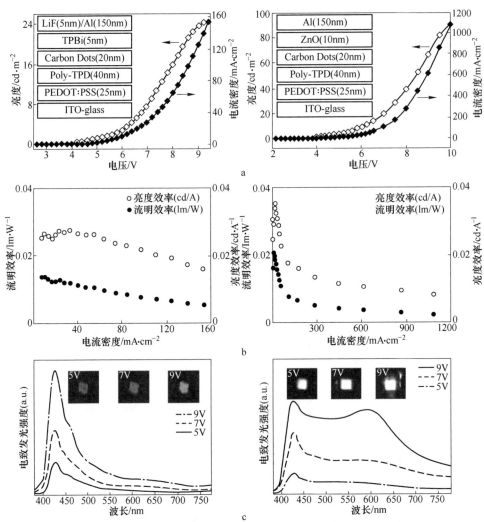

图 1-21 蓝光和白光发射的发光二极管电压依赖的电流密度和
亮度关系曲线 (a)，电流密度依赖的亮度和流明效率关系曲线 (b) 以及
不同电压下的电致发光光谱和实物照片 (c)[100]

所以基于 TiO_2 的光催化剂的光催化性能普遍较低。鉴于此，科研人员们极力地想要拓宽 TiO_2 的光谱吸收。其中，将具有窄带隙的有机染料分子和传统的半导体量子点敏化到 TiO_2 纳米粒子表面，作为一种有效的方法，大大地改善了纯 TiO_2 纳米粒子的可见光响应，很大程度上提高了 TiO_2 的光催化性能[32]。但是，有机染料分子较差的光化学稳定性以及传统半导体量子点多含 Cd、Pb 等重金属元素的缺点，使得基于此类光敏材料的光催化剂很难实现大范围的实际应用[81,86]。

碳材料，诸如富勒烯、石墨烯、碳纳米管以及碳纳米点被认为有望替代有机染料分子和传统半导体量子点在生物成像与传感、光催化、电致发光二极管以及光伏器件等领域中的应用。尤其作为一种新型的碳纳米材料，碳纳米点因具有良好的水溶性、稳定性、低毒性、低成本、耐光漂白以及很好的生物相容性，正引起人们极大地关注[82,84,99,108,128]。

近几年，随着对碳纳米点光电性质的不断认识，有关碳纳米点/TiO$_2$复合物的光催化性质的研究正逐渐引起科研人员的关注[92~98]。人们通过各种手段设法拓展碳纳米点/TiO$_2$复合物在光催化领域的应用，提高其光催化性能。

例如，2013 年 Sun 等人以通过电化学法制备的碳纳米点作为光敏材料敏化一维 TiO$_2$ 纳米管，发现该碳纳米点能够将一维 TiO$_2$ 纳米管的光吸收谱从紫外光区拓宽到可见光区，使一维 TiO$_2$ 纳米管光电极在可见光下的电流密度增大了 2.7 倍，并且能够有效增强一维 TiO$_2$ 纳米管的光催化活性（光降解亚甲基蓝）[92]，如图 1-22 所示。

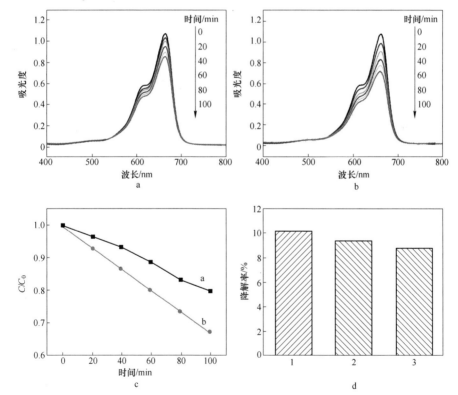

图 1-22　在光降解过程中，亚甲基蓝有机染料分子在分别加入 TiO$_2$（a）和碳纳米点/TiO$_2$复合物（b）后的吸收光谱以及纯 TiO$_2$（黑色曲线）和碳纳米点/TiO$_2$复合物（灰色曲线）对亚甲基蓝有机染料分子的光降解速率（c）和碳纳米点/TiO$_2$复合物在反复使用一次、两次和三次时对亚甲基蓝有机染料分子的光降解速率（光照时间：30min）（d）[92]

另外，2014 年 Yu 等人利用水热法将碳纳米点敏化到 TiO_2 纳米粒子表面，构建了碳纳米点/TiO_2 复合结构体系，研究发现碳纳米点能够改善 TiO_2 的光催化制氢性能，如图 1-23 所示。同时，他们认为碳纳米点在改善 TiO_2 的光催化性能方面扮演了两个角色：一是在紫外光照射下，碳纳米点作为电子受体能够有效促进 TiO_2 中的光生电子-空穴对的分离；二是在可见光照射下，碳纳米点作为光敏材料能够将 TiO_2

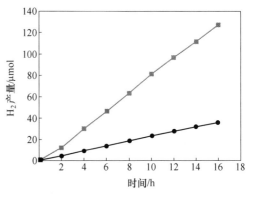

图 1-23 碳纳米点/TiO_2 复合物（灰色曲线）和 P25 TiO_2（黑色曲线）的光催化制氢速率[94]

的光响应区间拓展到可见区，从而提高其光催化制氢性能，如图 1-24 所示[94]。

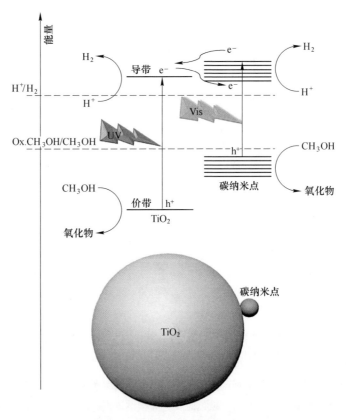

图 1-24 碳纳米点/TiO_2 复合物在紫外光和可见光照射下的
光催化制氢过程机制[94]

由此可见，碳纳米点因具有良好的水溶性、稳定性、低成本和低毒性等优点，以碳纳米点作为光敏材料来改善 TiO_2 纳米粒子的光催化性能的研究正逐渐引起人们的广泛关注，而且有望取代有机染料分子和传统半导体量子点在光催化领域实现大范围的实际应用。

1.5 本书的主要内容和结构安排

1.5.1 本书的主要内容

半导体量子点具有尺寸调谐的带隙、发光量子效率高及可溶液处理等性质，被广泛地应用于生物成像与传感、光催化、发光二极管和光伏等领域。但是这些量子点中大多含有 Cd 或 Pb 等重金属元素，严重影响我们的生存环境及量子点器件的商品化应用。因此，有关低毒性纳米材料的研究引起了科研人员的广泛关注，如 $CuInS_2$ 量子点和碳纳米点。$CuInS_2$ 量子点因不含 Cd 和 Pb 等重金属元素、吸收系数大以及具有与太阳光谱匹配的 1.5eV 直接带隙等优点，适用于光伏领域。碳纳米点因具有好的稳定性、低毒性、抗光漂白和生物相容性等优点，有望替代有机染料和含重金属的半导体量子点在诸多领域的应用。然而，基于它们的光电器件性能普遍低于基于含 Cd 或 Pb 量子点的光电器件性能指标。另外，碳纳米点存在严重的固态发光猝灭，严重地限制了其在发光二极管领域的应用。因此，研究 $CuInS_2$ 量子点和碳纳米点到 TiO_2 的电子转移过程，研究碳纳米点/TiO_2 复合结构的光催化性质，以及实现碳纳米点高效的固态发光，对于优化 $CuInS_2$ 量子点和碳纳米点光电器件性能具有重要的意义。基于以上观点，本书主要开展了以下四个部分的工作。

（1）能带排布与表面缺陷影响的从 $CuInS_2$ 核/壳量子点到 TiO_2 的电子转移过程。利用高温热注入法制备了一系列不同核尺寸、壳层厚度的 $CuInS_2$/CdS 和 $CuInS_2$/ZnS 核/壳量子点。通过时间分辨光谱研究了 $CuInS_2$ 核/壳量子点到 TiO_2 的电子转移过程。从 $CuInS_2$/CdS 核/壳量子点到 TiO_2 的电子转移速率与效率要明显优于相同核尺寸、壳层厚度的 $CuInS_2$/ZnS 核/壳量子点，2.0nm 核、适当壳层厚度的 $CuInS_2$/CdS 核/壳量子点到 TiO_2 的电子转移效率要高于相应 $CuInS_2$ 裸核量子点。并通过实验与理论分析，合理地解释了量子点核壳间能带排布与表面缺陷对于 $CuInS_2$ 核/壳量子点到 TiO_2 的电子转移过程的影响，为实现高效的 $CuInS_2$ 量子点敏化太阳能电池提供了依据。

（2）碳纳米点与 TiO_2 间在可见光区高效的电荷分离过程。以柠檬酸和尿素为原料，利用微波法和高温热解法分别制备了具有可见区（CDs-V）和紫外区（CDs-U）光吸收的碳纳米点。通过时间分辨光谱研究了无长链分子修饰、具有可见光区本征吸收的碳纳米点（CDs-V）到 TiO_2 的电子转移过程，发现 CDs-V

到 TiO_2 的电子转移速率与效率可达 $8.8×10^8 s^{-1}$ 和 91%。CDs-V/TiO_2 复合物在可见光下的光催化活性要明显优于 TiO_2 和 CDs-U/TiO_2 复合物，表明在 CDs-V/TiO_2 复合物中可见光生电子与空穴能有效地分离。并制备了碳纳米点敏化太阳能电池，纯 TiO_2 太阳能电池在可见光区的 IPCE 值几乎为零，而 CDs-V 敏化的 TiO_2 太阳能电池的 IPCE 在可见光区明显增强。通过对比 CDs-V 敏化 TiO_2 太阳能电池的 IPCE 曲线和 CDs-V/TiO_2 复合物的吸收光谱，发现 CDs-V 与 TiO_2 间在可见光下可以实现高效的电荷分离。

（3）基于碳纳米点与淀粉复合物的高效生物基荧光粉。以柠檬酸和尿素为原料，利用微波法和高温热解法分别制备了绿光（g-CDs）和蓝光（b-CDs）发射的碳纳米点，并提供了一种制备高效碳纳米点荧光粉的普适方法。将碳纳米点通过氢键吸附于生物制品淀粉颗粒表面，实现了碳纳米点高度的空间分散，有效地抑制了碳纳米点的无辐射复合过程和聚集引起的固态发光猝灭，使碳纳米点的无辐射复合速率由固体聚集态时的 $3.7×10^8 s^{-1}$ 降为 $0.43×10^8 s^{-1}$，辐射复合速率由 $0×10^7 s^{-1}$ 增加到 $4.25×10^7 s^{-1}$。并且淀粉基质既不与碳纳米点竞争吸收激发光，也不吸收碳纳米点的发光，获得了碳纳米点高效的固态发光。最终，得到了发光量子效率为 50% 的生物基碳纳米点荧光粉，并将该新型荧光粉应用于温度传感、发光二极管和发光图案的构建等领域。所制备的碳纳米点荧光粉发光二极管在经优化的 50mA 电流下表现出 CIE 色坐标为 (0.26, 0.33) 的冷白光发射。

（4）碳纳米点/TiO_2 复合物在可见光下碳纳米点覆盖度依赖的光催化性能。具有较强可见区光吸收的碳纳米点与 TiO_2 被紧密的整合在一起，以增强 TiO_2 的可见光响应。所制备的碳纳米点/TiO_2 复合物表现出明显的碳纳米点覆盖度依赖的光催化性能。具有适当碳纳米点覆盖度的碳纳米点/TiO_2 复合物展现出最高的光催化活性，并明显优于纯 TiO_2。当碳纳米点覆盖度太低时，其复合物对可见光的吸收能力较弱，限制了该碳纳米点/TiO_2 复合物的光催化性能。然而，太高的碳纳米点覆盖度会阻碍水中氧气分子对从碳纳米点转移到 TiO_2 导带上的光生电子的抽取以产生活性氧基团的过程以及从碳纳米点到 TiO_2 的电子转移过程，进而弱化了该碳纳米点/TiO_2 复合物的光催化活性。上述结果表明，对 TiO_2 表面碳纳米点覆盖度的合理调控以及从碳纳米点到 TiO_2 的高效电子转移过程的实现是提高碳纳米点/TiO_2 复合物光催化性能的有效途径。

1.5.2　本书的结构安排

本书共分 6 章，具体内容结构如下：

第 1 章绪论。本章从 5 个方面论述了相关问题：第一部分论述了半导体量子点的制备方法与光电性质，第二部分论述了半导体量子点太阳能电池的分类及研究进展，第三部分论述了碳纳米点的制备方法与光电性质，第四部分论述了碳纳米点太阳能电池、碳纳米点发光二极管以及碳纳米点/TiO$_2$复合光催化剂的发展现状，第五部分概述了本书的主要内容和结构安排。

第2章实验材料与表征技术。

第3章能带排布与表面缺陷影响的从CuInS$_2$核/壳量子点到TiO$_2$的电子转移过程。

第4章碳纳米点与TiO$_2$间在可见光区高效的电荷分离过程。

第5章基于碳纳米点与淀粉复合物的高效生物基荧光粉。

第6章碳纳米点/TiO$_2$复合物在可见光下碳纳米点覆盖度依赖的光催化性能。

2 实验材料与表征技术

2.1 实验材料

我们利用高温热注入分解法制备了 $CuInS_2/CdS$ 和 $CuInS_2/ZnS$ 核/壳量子点，利用微波法和高温热解法制备了碳纳米点，相关的实验材料名称、纯度和生产厂家见表 2-1 所列。材料在购买后均未经进一步纯化和处理，直接使用。

表 2-1　相关实验材料

实验材料名称	纯　　度	生产厂家
醋酸铟	99.99%	Alfa Aesar
氧化镉	99.99%	Alfa Aesar
硬脂酸锌	硬脂酸锌，氧化锌12.5%~14%	Alfa Aesar
碘化亚铜	98%	Aldrich
硫粉	99%	Aldrich
TiO_2（25nm）	P25，80%锐钛相，20%金红石相	Degussa
柠檬酸	99.5%	北京化工厂
尿素	99%	北京化工厂
淀粉	食用级	
150 环氧灌封胶		Ausbond（China）Co., Limited
GaN 芯片	CZOPE-4545BTBP-Au NDA	长治高科华上光电有限公司
罗丹明 B	分析纯	天津染料工业研究所
四甲基氢氧化铵	25% in CH_3OH	Alfa Aesar
原硅酸四乙酯	98%	Aladdin
十八烯	90%	Alfa Aesar
十二硫醇	98%	Alfa Aesar
巯基丙酸	99%	Alfa Aesar
油酸	90%	Alfa Aesar
三辛基膦	90%	Alfa Aesar
去离子水	18.2MΩ/cm	Millipore system
乙醇	分析纯	北京化工厂

实验材料名称	纯　　度	生产厂家
正己烷	分析纯	北京化工厂
甲苯	分析纯	北京化工厂
氯仿	分析纯	北京化工厂
甲醇	分析纯	北京化工厂
丙酮	分析纯	北京化工厂
冰醋酸	分析纯	西陇化工股份有限公司
乙腈	分析纯	天津光复精细化工研究所
硫酸	95%	北京化工厂

2.2 表征技术与原理

（1）UV-Vis-NIR 吸收光谱[141]。当两束平行光（实验光和参考光）分别照射相同厚度的吸光物质稀溶液和只有溶剂的参照样品时，实验光中的一部分光被吸光物质溶液反射和散射，另一部分光透射过去，剩下的光则被吸光物质自身吸收。根据 Beer-Lambert 定律，强度为 I_0 的光透过厚度为 L 的吸光物质后衰减为 I，如公式（2-1）所示：

$$I(\nu) = I_0(\nu) \times \exp(-\alpha(\nu)L) \tag{2-1}$$

式中，$\alpha(\nu)$ 为吸收系数，与光强无关，只随波长（频率）变化。透射过样品的光强可表示为公式（2-2）：

$$T(\nu) = I(\nu)/I_0(\nu) \tag{2-2}$$

公式（2-2）称为透射光谱。对透射光谱公式取对数，并取负值，可得表示吸收光谱的表达式：

$$A(\nu) = -\lg[T(\nu)] = \alpha(\nu)L/\ln(10) \tag{2-3}$$

（2）发射光谱和激发光谱[141]。

1）发射光谱：当用固定波长激发发光材料后，材料吸收激发光光子，价带电子（基态）被激发到导带（激发态），然后处于激发态的电子向基态发生辐射复合发光的发光强度随着发光波长的变化曲线，其反映发光材料的能级结构。

2）激发光谱：经单色仪分光后得到的一系列单色的激发光激发样品后，监测某一固定波长，测量该波长处发光强度随激发波长的变化关系。

（3）漫反射光谱[141]。根据 Beer-Lambert 定律，利用 UV-Vis-NIR 吸收光谱法测量吸收光谱时，所测样品必须是一定浓度的均匀溶液，而对固体、粉末、乳浊液以及悬浊液样品进行测定时，误差很大，而漫反射光谱法解决了这一问题。漫反射光是分析光进入样品内经多次反射、折射、衍射和吸收后返回表面的光，经过参比样品的漫反射光谱校正后，可以定量的分析固体、粉末、乳浊液以及悬浊液的吸收性能。此法通常使用紫外-可见光分光光度计配备一可以收集反射通量的漫反射装置（如积分球）来实现。

（4）变温光谱。很多发光材料的发光普遍具有随周围温度变化的依赖关系，通过测量样品不同温度的发光光谱，可以得到一组温度依赖的发射谱曲线，即变温光谱，通常被用来研究发光材料内的发光过程及测试材料的发光稳定性。

（5）时间分辨光谱[31,141]。样品经短脉冲光激发后，其发光强度随时间的变化关系称为时间分辨光谱，是研究材料发光动力学重要的方法。t 时刻样品的发光强度 $I(t)$ 随时间呈指数衰减，如式（2-4）所示：

$$I(t) = I(0)\exp(-t/\tau) \tag{2-4}$$

式中，τ 称为发光寿命，表示发光强度衰减到 $1/e$ 时所需要的时间，也是电子处于激发态上的平均寿命。

（6）场发射扫描电子显微镜[31]。场发射扫描电子显微镜（FESEM）是利用聚焦的高能电子束轰击样品表面，与样品表面原子的外层电子相互作用释放出二次电子和反射电子等，并通过二次电子探测器检测二次电子信号。二次电子信号与样品的原子序数大小及入射角有关，而入射角与表面粗糙度及形貌有关，所以可以直接获得高质量的样品表面形貌的信息，并将这些信息记录，放大并成像，分辨率可达 1.5nm。通常 FESEM 还附有能量色散 X 射线能谱仪（EDX），可进行样品化学元素组分的测试分析。

（7）透射电子显微镜[31]。透射电子显微镜（TEM），是通过在高压、高真空和液氮冷却环境下加速电子，使其速度接近光速，具有波粒二象性，经加速和聚集的电子束投射到样品上。当电子束通过样品时会与样品中的原子发生碰撞产生散射，样品的组成结构不同，电子束发生散射的程度也不同，撞击到荧光屏上会形成明暗不同的影像，可以直观地对样品的形貌以及结晶性进行表征，分辨率为 0.1~0.2nm，同 FESEM 一样具有化学元素组分测试功能。

（8）X 射线衍射谱。X 射线衍射分析是利用晶体形成的 X 射线衍射，对物质进行内部原子在空间分布状况的结构分析方法。将具有一定波长的 X 射线照射到结晶性物质上时，X 射线因在结晶性物质内遇到规则排列的原子或离子而发生散射，散射的 X 射线在某些方向上相位得到加强，从而显示与结晶结构相对应的特有的衍射现象。衍射 X 射线满足布拉格衍射方程式：

$$2d\sin\theta = n\lambda \tag{2-5}$$

式中，d 为晶面间距；θ 为衍射角；n 为衍射级数（整数）。波长 λ 可用已知的 X 射线衍射角测定，进而求得面间隔，即结晶性物质内原子或离子的规则排列状态。将求出的衍射 X 射线强度和面间隔与已知的表对照，可确定试样结晶的物质结构，即定性分析，从衍射 X 射线强度的比较，可进行定量分析。

3 能带排布与表面缺陷影响的从 CuInS$_2$ 核/壳量子点到 TiO$_2$ 的电子转移过程

3.1 引言

近几年，由于全球日益凸显的能源危机，有关量子点敏化太阳能电池的研究正引起科研人员极大的兴趣[142]。因半导体量子点具有尺寸调谐的带隙[143,144]、高的消光系数[145]以及多激子效应等特性[146]，使其作为很好的光敏材料应用于下一代光伏器件的设计[32,37,147~150]。然而，由于受器件中电子-空穴对的产生过程、电荷分离动力学过程和电荷再复合过程的影响[151]，目前基于液态电解质的量子点敏化太阳能电池的最大功率转换效率只有 5.5%[58,59,152,153]，全固态量子点敏化太阳能电池的功率转换效率为 5%~7%[52,154]。

三元黄铜矿 CuInS$_2$ 因不含 Cd 和 Pb 等重金属元素、吸收系数大以及具有与太阳光谱匹配的 1.5eV 直接带隙等优点，是一种构建量子点敏化太阳能电池理想的半导体材料[155~158]。早期，基于 CuInS$_2$ 量子点的液态结敏化太阳能电池的功率转换效率普遍低于 1%[71,74]。通过引入缓冲层和钝化层以抑制电荷再复合过程，将 CuInS$_2$ 量子点敏化太阳能电池的转换效率提高到 3.91%[72,76,159]。Teng 研究小组通过引入 CdS 钝化层，制备出转换效率为 4.2% 的 CuInS$_2$ 量子点敏化太阳能电池[75]。通过引入宽带隙的 ZnS 钝化层抑制量子点表面缺陷态对光生电子的俘获，也能够改善量子点敏化太阳能电池的性能[160]。由此可见，存在于量子点界面和表面的缺陷态能够俘获光生电子，降低量子点敏化太阳能电池的性能，所以在构建器件时有效的钝化是必要的[75,151,160]。另外，通过在 CdS 钝化层中掺杂过渡金属 Mn^{2+}，CuInS$_2$-Mn-CdS 系统中 II 型的能带结构改善了界面电荷转移性质，可以将电池的转换效率从 4.69% 提高到 5.38%[77]。Zhang 研究小组以反 I 型 CdS/CdSe 核/壳量子点作为光敏材料制备了量子点敏化太阳能电池，由于 CdS 核和 CdSe 壳间反 I 型的能带结构能够有效地促进界面电子转移过程，使得该类器件的效率达到 5.32%[58]。可见，核/壳量子点的能带排布对量子点敏化太阳能电池的功率转换效率影响非常大，并且这种能带排布可以通过适当地选择量子点核壳材料及尺寸来调节。

理论上，基于多激子效应，单节量子点敏化太阳能电池的热力学功率转换效率可以达到 44%[146,151]。尽管科研人员在理解光伏器件的工作机制以及优化器件结构和材料参数等方面做了大量的研究工作，但是光伏器件实际的转换效率还远远低于这一理论值[52,58,59,152~154]。量子点和金属氧化物半导体界面处的电荷分离是量子点敏化太阳能电池中产生光电流主要的光物理过程。从量子点到外电极有效的界面电子转移是改善量子点敏化太阳能电池转换效率的一个决定性因素[161]。有关寻求改善量子点到金属氧化物半导体纳米粒子或有机电子受体分子的电子转移过程的方法的研究已有很多[161~165]。例如，Kamat 研究小组研究了量子点尺寸和施主-受主间距离对 CdSe 量子点到 TiO$_2$、ZnO 和 SnO$_2$ 的电子转移动力学过程的影响[161~163]。Zhu 等人分别研究了 ZnS 壳层厚度和量子点核壳间的能带排布对 I 型 CdSe/ZnS 和 II 型 CdTe/CdSe 核/壳量子点与有机电子受体分子间电荷分离过程的影响[164,165]。但是人们对于 CuInS$_2$ 量子点光敏性质的认识还不清晰，所以研究从 CuInS$_2$ 量子点到 TiO$_2$ 电极的电子转移过程对于优化 CuInS$_2$ 量子点敏化太阳能电池的性能是必要的。

在本章中，我们利用时间分辨光谱研究了 CuInS$_2$/CdS 和 CuInS$_2$/ZnS 核/壳量子点到 TiO$_2$ 的电子转移过程。将 CuInS$_2$ 核/壳量子点吸附于 TiO$_2$ 光电极上后，量子点的荧光寿命明显变短，证明发生了从 CuInS$_2$ 核/壳量子点到 TiO$_2$ 的电子转移过程。通过选择不同的壳层材料（CdS 和 ZnS）来调节 CuInS$_2$ 核/壳量子点核壳间的能带排布，进而调控导带电子和价带空穴波函数的空间分布。从 CuInS$_2$/CdS 核/壳量子点到 TiO$_2$ 的电子转移速率与效率要明显优于相同核尺寸、壳层厚度的 CuInS$_2$/ZnS 核/壳量子点。并通过实验与理论分析，合理地解释了量子点核壳间能带排布与表面缺陷对于 CuInS$_2$ 核/壳量子点到 TiO$_2$ 的电子转移过程的影响。

3.2 实验部分

3.2.1 CuInS$_2$ 裸核量子点的制备

CuInS$_2$ 裸核量子点的制备参照过去已报道的方法[26]。首先，将 95mg（0.5mmol）碘化亚铜，146mg（0.5mmol）醋酸铟和 5mL 十二硫醇混合加入到 25mL 的三颈瓶中。将反应混合液持续搅拌，并在氩气保护下除瓦斯10min，然后将反应液加热到 130℃ 直到溶液变得透明澄清。将反应液温度升高到 230℃ 并保持不同的时间（5~40min）以制备不同尺寸的 CuInS$_2$ 裸核量子点。

3.2.2 CuInS$_2$/CdS 和 CuInS$_2$/ZnS 核/壳量子点的制备

镉前驱体（油酸镉）通过以下方法制备：将 258mg 氧化镉，2mL 油酸和4mL 十八烯混合加入到 25mL 的三颈瓶中，在氩气保护下加热到 180℃ 直到溶液变得澄清，再加入 7.5mL 十八烯将油酸镉前驱体溶液的浓度调节到 0.15mmol/mL。以实验部分 3.2.1 节中制备的裸核量子点母液为反应液，并将其加热到 210℃，然后将由 2mmol 油酸镉（硬脂酸锌）、2mmol 硫粉、2mL 三辛基膦和 8mL 十八烯组成的混合溶液逐滴地加入到持续搅拌的上述裸核量子点母液中。通过控制反应时间得到不同 CdS(ZnS) 壳层厚度的 $CuInS_2/CdS$($CuInS_2/ZnS$) 核/壳量子点[26]。将反应混合溶液用甲苯稀释，然后加入甲醇沉淀，离心分离以去除未反应的前驱体，此过程重复三次，然后将所得沉淀的量子点样品溶于甲苯中待进一步的实验和表征。

3.2.3 $CuInS_2$ 量子点敏化的金属氧化物薄膜的制备

TiO_2 和 SiO_2 浆料的制备参照之前已报道的方法[166]。TiO_2 为平均尺寸 25nm 的 P25 粉末。SiO_2 为平均尺寸 20nm 的纳米粒子，制备方法如下[167]：将 0.45mL 去离子水和 271mg 四甲基氢氧化铵加入到 7.5mL 乙醇中并搅拌，然后将上述混合溶液注入到由 3.472g 原硅酸四乙酯和 7.5mL 乙醇组成的混合溶液中，并持续搅拌 5 天，用正己烷进行沉淀，然后离心分离并经倾析获得尺寸为 20nm 的 SiO_2 纳米粒子。将制备好的 TiO_2 和 SiO_2 浆料以 2000r/min 的速度旋涂在玻璃基底上，然后置入马弗炉中在 500℃ 下焙烧 60min，自然冷却至室温得到 TiO_2 和 SiO_2 介孔薄膜。将上述介孔薄膜加热到 200℃，迅速地浸泡在含巯基丙酸（1mol/L）和硫酸（0.1mol/L）的乙腈溶液中 12h，取出并用乙腈和甲苯反复冲洗以去除未吸附到薄膜上的巯基丙酸分子。然后将上述巯基丙酸修饰的金属氧化物介孔薄膜置于 $CuInS_2$ 量子点甲苯溶液中 12h，然后取出并用甲苯反复清洗多次得到 $CuInS_2$ 量子点敏化的金属氧化物薄膜[163]。

3.2.4 样品的表征

量子点甲苯溶液的吸收光谱由 UV-3101PC UV-Vis-NIR 型扫描光度计（Shimadzu）测定，稳态发光光谱由 F-7000 光谱仪（Hitachi）表征。通过 TECNAI G2 透射电子显微镜（TEM）（Philips）标定 $CuInS_2$ 量子点的尺寸，加速电压为 200kV。TEM 待测样品通过将量子点甲苯溶液滴涂在 200 目（75μm）铜网支撑的碳膜上得到。量子点元素的 X 射线能谱分析（EDX）通过 GENESIS 2000 XMS 60S 扫描电子显微镜完成。量子点的晶格结构分析由 Rigaku X 射线衍射仪表征（XRD）。样品的时间分辨光谱由 LifeSpec-II 光谱仪（Edinburgh Instruments）表征，激发光源为 485nm 发射的皮秒脉冲激光二极管，监测波长为各样品发光峰位波长。所有的测试均在室温下进行。

3.3 结果与讨论

3.3.1 CuInS$_2$ 核/壳量子点尺寸、组分、晶格结构及光学性质分析

图 3-1 所示为不同尺寸的 CuInS$_2$ 裸核量子点的 TEM 照片，两种裸核量子点的直径分别为 2.0nm 和 3.6nm。图 3-2 和 3-3 所示分别为不同核尺寸、壳层厚度的 CuInS$_2$/CdS 和 CuInS$_2$/ZnS 核/壳量子点的 TEM 照片以及尺寸统计分布。从图中可以看出，在经过不同时间的壳层包覆后，量子点尺寸逐渐变大，说明壳层逐渐地包覆在 CuInS$_2$ 裸核量子点表面，并且量子点的尺寸分布比较均匀。

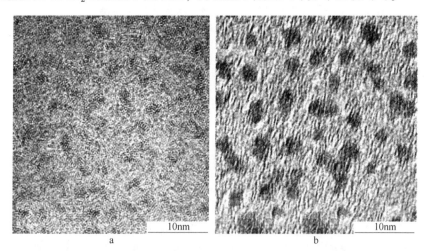

图 3-1　直径分别为 2.0nm（a）和 3.6nm（b）的 CuInS$_2$ 裸核量子点的 TEM 照片

计算量子点壳层厚度时忽略壳层包覆过程中由于阳离子交换引起的对核的刻蚀，并且壳层层数以一个单层（ML）的 ZnS 和 CdS 壳层的厚度分别为 0.31nm 和 0.33nm 进行估测。图 3-4 所示为不同核尺寸、壳层厚度的 CuInS$_2$/CdS 和 CuInS$_2$/ZnS 核/壳量子点的 XRD 图谱和 2.0nm 核、1ML 的 CdS 壳的 CuInS$_2$/CdS 核/壳量子点的 EDX 谱。XRD 图谱与之前报道过的 CuInS$_2$/CdS 和 CuInS$_2$/ZnS 核/壳量子点图谱一致[26]，EDX 结果显示其 Cu∶In 比例接近 1∶1，均保证了我们所制备的量子点的高质量。

图 3-5 所示为 CuInS$_2$ 裸核以及 CuInS$_2$/CdS 核/壳量子点的吸收和归一化的发光光谱。从图中可以看出，2.0nm 和 3.6nm 的 CuInS$_2$ 裸核量子点随着 CdS 壳层的包覆，其发光峰位由于壳层包覆过程中对核的刻蚀引起的增强的量子限域效应分别从 662nm 和 773nm 蓝移到 646nm 和 720nm（如图 3-6 所示），与 ZnS 壳层包覆现象相似。然后，进一步的 CdS 壳层的包覆，由于从 CuInS$_2$ 核到 CdS 壳层增强的电子波函数扩散，使得量子点的发光峰位分别从 646nm 和 720nm 红移到 692nm

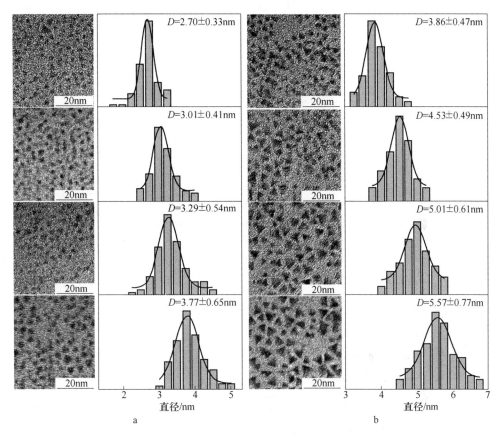

图 3-2　2.0nm（a）和 3.6nm（b）CuInS$_2$ 核、不同 CdS 壳层厚度的
CuInS$_2$/CdS 核/壳量子点的 TEM 照片

（图中 D 代表量子点的直径）

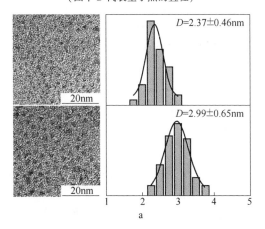

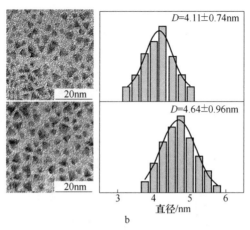

图 3-3　2.0nm（a）和 3.6nm（b）CuInS$_2$ 核、
不同 ZnS 壳层厚度的 CuInS$_2$/ZnS 核/壳量子点的 TEM 照片

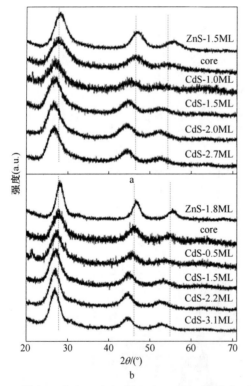

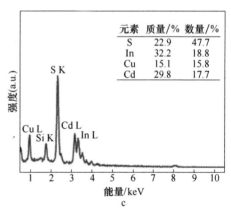

元素	质量/%	数量/%
S	22.9	47.7
In	32.2	18.8
Cu	15.1	15.8
Cd	29.8	17.7

图 3-4　2.0nm（a）和 3.6nm（b）核尺寸、不同壳层厚度的 CuInS$_2$/CdS 和 CuInS$_2$/ZnS
核/壳量子点的 XRD 谱图和 CuInS$_2$/CdS 核/壳量子点（2.0nm 核，1ML 的 CdS 壳）
的 EDX 谱图（c）（插图为其元素分析结果）

和765nm，与Klimov研究小组报道的结果一致[26]。值得注意的是，2.0nm的CuInS$_2$裸核量子点在包覆2.7ML的CdS壳层之后，其发光峰位相对于裸核量子点红移了30nm。但是，3.6nm的CuInS$_2$裸核量子点即使在包覆3.1ML的CdS壳层后，其发光峰位波长仍然短于相应裸核量子点，如图3-5所示。这些结果表明，核/壳量子点中核到壳的电子波函数的扩散不仅可以通过壳层材料的种类进行调控，还可以通过核尺寸进行调控。

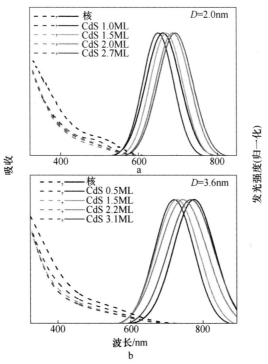

图3-5　不同核尺寸、壳层厚度的CuInS$_2$/CdS核/壳量子点的UV-Vis
吸收（虚线）和归一化的发光光谱（实线）

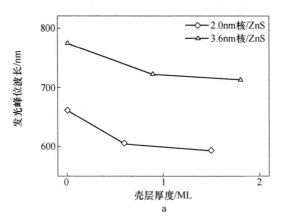

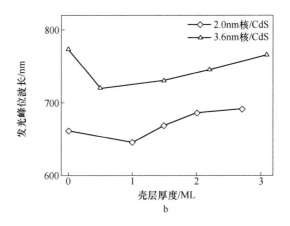

图 3-6　不同核尺寸、壳层厚度的 CuInS$_2$/ZnS （a） 和 CuInS$_2$/CdS （b）
核/壳量子点的发光峰位

3.3.2　CuInS$_2$ 核/壳量子点核尺寸及壳层材料对其荧光寿命的影响

　　为了进一步了解 CuInS$_2$ 量子点核尺寸和壳层材料依赖的特性，我们测量了不同核尺寸、壳层厚度的 CuInS$_2$/CdS 和 CuInS$_2$/ZnS 核/壳量子点的时间分辨光谱并拟合出相应的平均荧光寿命 τ，整理于图 3-7 中。从图中可以看出，CuInS$_2$ 裸核量子点在包覆 CdS 和 ZnS 壳层之后，它们的荧光寿命都会变长，表明壳层包覆能有效地钝化表面缺陷态。

　　然后，我们测量了量子点的发光量子效率 （QY），利用式 （3-1） 和式（3-2）计算了不同核尺寸、壳层厚度的 CuInS$_2$/CdS 核/壳量子点的辐射 （k_r） 和无辐射 （k_{nr}） 复合速率，并列于表 3-1 中。

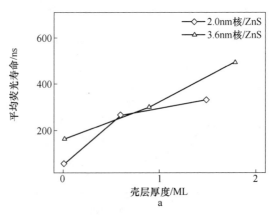

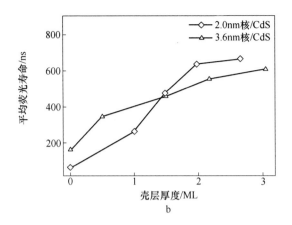

图 3-7 不同核尺寸、壳层厚度的 CuInS$_2$/ZnS（a）和 CuInS$_2$/CdS（b）
核/壳量子点发光峰位波长处的平均荧光寿命

$$QY = \frac{k_r}{k_r + k_{nr}} \tag{3-1}$$

$$\frac{1}{\tau} = k_r + k_{nr} \tag{3-2}$$

**表 3-1 不同核尺寸、壳层厚度的 CuInS$_2$/CdS 核/壳量子点的
发光量子效率、辐射和无辐射复合速率**

2.0nm 核				3.6nm 核			
CdS 壳厚度/ML	QY/%	k_r/s^{-1}	k_{nr}/s^{-1}	CdS 壳厚度/ML	QY/%	k_r/s^{-1}	k_{nr}/s^{-1}
0	4.5	7.84×10^5	166×10^5	0	11.0	6.83×10^5	55.2×10^5
1.0	13.4	5.23×10^5	33.8×10^5	0.5	52.5	15.3×10^5	13.8×10^5
1.5	43.6	9.15×10^5	11.8×10^5	1.5	76.0	16.6×10^5	5.23×10^5
2.0	60.3	9.43×10^5	6.21×10^5	2.2	77.3	13.8×10^5	4.07×10^5
2.7	61.7	9.26×10^5	5.75×10^5	3.1	84.4	13.8×10^5	2.55×10^5

从表中可以看出，随着 CdS 壳层的包覆，2.0nm 和 3.6nm 的 CuInS$_2$ 裸核量子点的无辐射复合速率 k_{nr} 分别从 $1.66 \times 10^7 \text{s}^{-1}$ 和 $5.52 \times 10^6 \text{s}^{-1}$ 降为 $5.75 \times 10^5 \text{s}^{-1}$ 和 $2.55 \times 10^5 \text{s}^{-1}$，也表明了 CdS 壳层对无辐射缺陷态的钝化作用。另外，我们还发现一个新奇的现象。由于表面效应，通常小尺寸的 CuInS$_2$ 裸核量子点的平均荧光寿命要短于大尺寸裸核量子点。随着壳层的包覆，大核尺寸的 CuInS$_2$/ZnS 核/壳量子点的平均寿命也要长于具有相同壳层厚度的小核尺寸 CuInS$_2$/ZnS 核/壳量子点[168]，而对于 CuInS$_2$/CdS 核/壳量子点，这种现象却恰恰相反，如图 3-7 所

示。这是因为体相 CuInS$_2$ 和 CdS 间的导带能级差相对于 ZnS 要小得多，增强了 CuInS$_2$ 核中电子波函数到 CdS 壳层的扩散。同时，由于量子限域效应，小尺寸的 CuInS$_2$ 核的导带边要高于大尺寸的量子点，导致从小尺寸 CuInS$_2$ 核到 CdS 壳层的电子波函数扩散更强，而空穴波函数仍然限制在 CuInS$_2$ 核内，降低了量子点中光生电子和空穴波函数的空间交叠，继而使得小核尺寸 CuInS$_2$/CdS 核/壳量子点的辐射复合速率变慢（见表 3-1），寿命变长（如图 3-7 所示）[26]。综上，通过调节核尺寸和壳层材料来改变核壳间的能带排布，能够调控核/壳量子点中电子波函数的空间分布。从 CuInS$_2$ 核到 CdS 壳增强的电子波函数扩散以及壳层包覆带来的增强的稳定性使得 CuInS$_2$/CdS 核/壳量子点有望成为构建量子点敏化太阳能电池良好的光敏材料。

3.3.3　CuInS$_2$ 核/壳量子点到 TiO$_2$ 的电子转移动力学过程研究

我们研究了 CuInS$_2$ 核/壳量子到 TiO$_2$ 的电子转移动力学过程。如图 3-8 所示

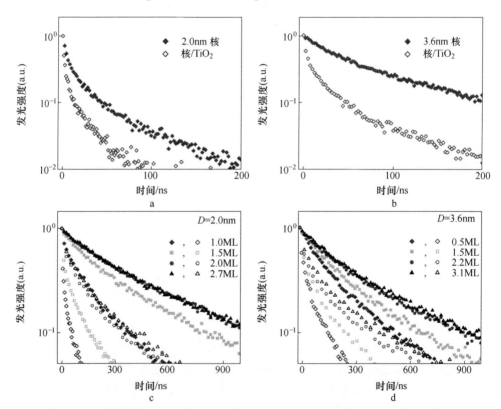

图 3-8　不同尺寸的 CuInS$_2$ 裸核量子点（a，b）以及不同核尺寸、壳层厚度的
CuInS$_2$/CdS 核/壳量子点（c，d）吸附于 TiO$_2$（空心符号）和
SiO$_2$（实心符号）薄膜后的荧光衰减曲线

为不同核尺寸、壳层厚度的 $CuInS_2/CdS$ 核/壳量子点吸附于 TiO_2 和 SiO_2 介孔薄膜上的荧光衰减曲线。过去的研究工作已经证明了光生电子能够从 $CuInS_2/ZnS$ 核/壳量子点转移到 TiO_2[76,168]。此处，SiO_2 介孔薄膜是绝缘的，并不能充当电子受体，所以将量子点敏化的 SiO_2 介孔薄膜作为参比样品。从图 3-8 可以看出，将 $CuInS_2/CdS$ 核/壳量子点吸附于 TiO_2 后，量子点的荧光寿命明显变短，证明发生了从 $CuInS_2/CdS$ 核/壳量子点到 TiO_2 的电子转移过程。

电子转移速率（k_{ET}）与效率（η_{ET}）可以通过以下公式计算[163,168]：

$$k_{ET} = \frac{1}{\tau_{ave}(QD-TiO_2)} - \frac{1}{\tau_{ave}(QD-SiO_2)} \tag{3-3}$$

$$\eta_{ET} = 1 - \frac{\tau_{ave}(QD-TiO_2)}{\tau_{ave}(QD-SiO_2)} \tag{3-4}$$

式中，$\tau_{ave}(QD\text{-}TiO_2)$ 和 $\tau_{ave}(QD\text{-}SiO_2)$ 分别代表吸附于 TiO_2 和 SiO_2 薄膜上的量子点的平均荧光寿命。将根据上述公式计算的 k_{ET} 和 η_{ET} 列于表 3-2 中。

表 3-2　不同核尺寸、壳层厚度的 $CuInS_2/CdS$ 核/壳量子点到 TiO_2 的电子转移速率与效率

2.0nm 核		3.6nm 核	
CdS 壳厚度 /ML	k_{ET}（$10^7 s^{-1}$）/η_{ET}（%）	CdS 壳厚度 /ML	k_{ET}（$10^7 s^{-1}$）/η_{ET}（%）
0	12.27/66	0	7.02/84
1.0	5.50/82	0.5	3.13/81
1.5	2.21/82	1.5	1.26/77
2.0	0.99/74	2.2	0.72/61
2.7	0.78/73	3.1	0.49/61

从表中可以看出，CdS 壳层对 $CuInS_2/CdS$ 核/壳量子点到 TiO_2 的电子转移过程具有很强的影响，宽带隙的壳层作为势垒使得电子转移速率随着壳层厚度的增加而变慢。Sun 等人发现 $CuInS_2/ZnS$ 核/壳量子点中的光生电子能够隧穿过 ZnS 壳层引入的势垒转移到 TiO_2，并且 ZnS 壳层厚度依赖的电子转移速率与量子点表面的电子态密度理论值符合得很好，并服从以下经验公式[168]：

$$k_{ET}(d) = k_0 e^{-\beta d} \tag{3-5}$$

式中，d 为壳层厚度；k_0 为裸核量子点到 TiO_2 的电子转移速率[164]。为了量化壳层材料对于电子转移速率的影响，我们将 $CuInS_2/CdS$ 和 $CuInS_2/ZnS$ 核/壳量子点视为限制在有限深势阱中的粒子进行模拟并计算了他们的电子特征函数[169,170]。$CuInS_2$[63]、CdS 和 ZnS[170] 中电子的有效质量分别为 $0.16m_0$、$0.20m_0$ 和 $0.28m_0$。并选取 $CuInS_2$ 核中的势能为零，电子从 $CuInS_2$ 核隧穿到 CdS 和 ZnS 壳层的势垒高度分别为 $0.05eV$[76] 和 $1eV$[168]，隧穿过量子点最外层的有机配体（巯基丙酸，MPA）的势垒高度为 3.7eV[168]。基于以上参数，我们量化地得出了壳层厚度依赖的 CuInS$_2$/CdS 核/壳量子点到 TiO$_2$ 的电子转移速率以及量子点表面的电子态密度理论值的对数函数，如图 3-9 所示。

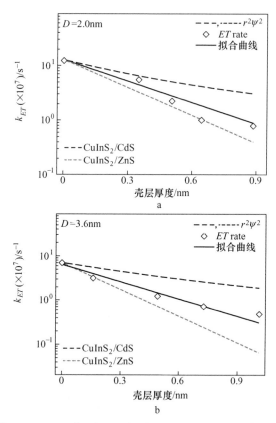

图 3-9　不同核尺寸的 CuInS$_2$/CdS 核/壳量子点到 TiO$_2$ 的电子转移速率（ET rate）与壳层厚度
关系曲线（黑色空心方块，洛伦兹变换），黑色实线为其拟合曲线（拟合公式为式(3-5)），
不同核尺寸、CdS（黑色虚线）和 ZnS（灰色短虚点线）壳层厚度的 CuInS$_2$ 核/壳量子点
表面的电子态密度理论值（$r^2\psi^2$），电子态密度随壳层厚度的变化曲线以
裸核 CuInS$_2$ 量子点到 TiO$_2$ 的电子转移速率进行归一化

另外，Sun 等人已经证明在 CuInS$_2$/ZnS-TiO$_2$ 体系中[168]，ZnS 壳层厚度依赖的电子转移速率与量子点表面的电子态密度理论值符合得很好，所以为了比较壳层材料种类对电子转移过程的影响，我们将不同核尺寸、壳层厚度的 CuInS$_2$/ZnS 核/壳量子点表面的电子态密度的理论值也列于图 3-9 中。从图中可以看出，CuInS$_2$/CdS 核/壳量子点到 TiO$_2$ 的电子转移速率要明显快于相同核尺寸、壳层厚度的 CuInS$_2$/ZnS 核/壳量子点。这是因为，如图 3-10 所示为 2ML 壳层厚度的 CuInS$_2$/CdS 和 CuInS$_2$/ZnS 核/壳量子点的导带 1S 态电子的分布函数，体相

CuInS$_2$ 和 CdS 间的导带能级差为 0.05eV，远远小于它与 ZnS 间的能级差（1eV），增强了电子波函数从 CuInS$_2$ 核到 CdS 壳的扩散以及增大了 CdS 壳层表面的电子态密度。而影响电子转移过程的电子施主（量子点）与受主（TiO$_2$）间的电子耦合强度与量子点表面电子态密度成正比[165]。因此，增强的电子波函数扩散以及增大的表面电子态密度促进了从 CuInS$_2$/CdS 核/壳量子点到 TiO$_2$ 的电子转移过程。

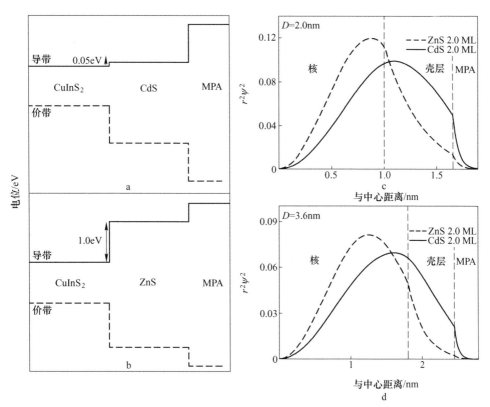

图 3-10　CuInS$_2$ 核与 CdS（a）和 ZnS（b）壳层间的能带排布以及不同核尺寸、2ML 壳层厚度的 CuInS$_2$/CdS 和 CuInS$_2$/ZnS 核/壳量子点的导带 1S 态电子的分布函数（c，d）

3.3.4　CuInS$_2$ 核/壳量子点到 TiO$_2$ 的电子转移效率的分析

值得一提的是，除了电子转移速率之外，电子转移效率也是影响光伏器件性能的关键因素。为了比较 CdS 和 ZnS 壳层材料对电子转移效率的影响，我们利用时间分辨光谱研究了不同核尺寸、壳层厚度的 CuInS$_2$/ZnS 核/壳量子点到 TiO$_2$ 的电子转移动力学过程，如图 3-11a 和图 3-11b 所示，并利用公式（3-3）和式（3-4）计算了电子转移速率 k_{ET} 与效率 η_{ET}，列于表 3-3 中，并量化了壳层厚度依赖的 CuInS$_2$/ZnS 核/壳量子点到 TiO$_2$ 的电子转移速率以及量子点表面电子态密度理论值的对数函数，如图 3-11c 所示。

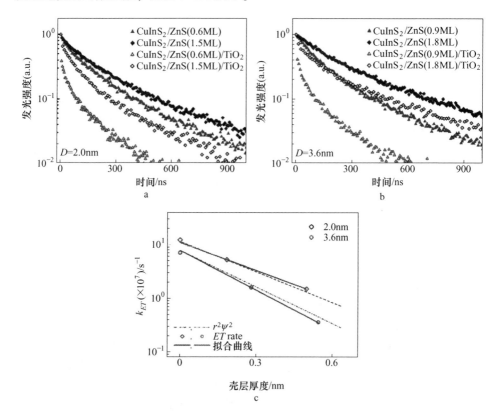

图 3-11 不同核尺寸、壳层厚度的 CuInS$_2$/ZnS 核/壳量子点吸附于 TiO$_2$（空心符号）和 SiO$_2$（实心符号）薄膜后的荧光衰减曲线（a，b），CuInS$_2$/ZnS 核/壳量子点到 TiO$_2$ 的电子转移速率（ET rate）与壳层厚度关系曲线（c，空心符号），实线为拟合曲线（拟合公式为式（3-5）），虚线为不同核尺寸、壳层厚度的 CuInS$_2$/ZnS 核/壳量子点表面电子态密度（$r^2\psi^2$），电子态密度随壳层厚度的变化曲线以裸核 CuInS$_2$ 量子点到 TiO$_2$ 的电子转移速率进行归一化

表 3-3 不同核尺寸、壳层厚度的 CuInS$_2$/ZnS 核/壳量子点到 TiO$_2$ 的电子转移速率与效率

2.0nm 核		3.6nm 核	
ZnS 壳厚度 /ML	k_{ET}（$10^7 s^{-1}$）/η_{ET}（%）	ZnS 壳厚度 /ML	k_{ET}（$10^7 s^{-1}$）/η_{ET}（%）
0	12.27/66	0	7.02/84
0.6	5.23/65	0.9	1.59/69
1.5	1.50/49	1.8	0.36/50

从图 3-11c 中可以看出，$CuInS_2/ZnS$ 核/壳量子点到 TiO_2 的电子转移速率的实验值与理论值符合得很好[168]，进一步证明了电子通过 ZnS 壳层势垒的隧穿效应。同时，综合表 3-2 和表 3-3 可以看出，从 $CuInS_2/CdS$ 核/壳量子点到 TiO_2 的电子转移要比相同核尺寸、壳层厚度的 $CuInS_2/ZnS$ 核/壳量子点有效的多，并且这种优势会随着壳层厚度的增加在扩大。这是因为，$CuInS_2/ZnS$ 核/壳量子点具有典型的 I 型能带结构，电子和空穴波函数都被限制在 $CuInS_2$ 核内[164]。而对于 $CuInS_2/CdS$ 核/壳量子点，如前面所述，降低的电子和空穴波函数的空间交叠程度，从 $CuInS_2$ 核到 CdS 壳层增强的电子波函数扩散以及增大的表面电子态密度均有利于实现高效的电子转移过程[165]。另外，因为体相 $CuInS_2$ 和 CdS 间的导带能级差要远远小于它与 ZnS 间的能级差，而光生电子穿过壳层势垒符合隧穿模型，量子点表面的电子态密度随着壳层厚度的增加以指数形式在降低，因此 $CuInS_2/CdS$ 相比于 $CuInS_2/ZnS$ 核/壳量子点的这种优势会随着壳层厚度的增加在扩大。

3.3.5 能带排布与表面缺陷对于电子转移动力学过程的影响

再者，我们发现随着 CdS 壳层的包覆，3.6nm 的 $CuInS_2$ 量子点到 TiO_2 的电子转移效率从 84% 逐渐降低为 81%（0.5ML），77%（1.5ML）和 61%（3.1ML），而对于 2.0nm 的 $CuInS_2$ 裸核量子点，电子转移效率随着壳层的包覆从 66% 分别增大到 82%（1ML）和 73%（2.7ML），如图 3-12 所示。以往的研究工作表明从 I 型的 $CuInS_2/ZnS$ 和 CdSe/ZnS 核/壳量子点分别到 TiO_2[168] 和 ZnO[171] 的电子转移效率通常是随着壳层厚度的增加在降低。而在我们的研究中发现的这种新奇的现象，即 2.0nm 的 $CuInS_2$ 裸核量子点在包覆 CdS 壳层之后到 TiO_2 的电子转移效率增加的现象，可以被解释如下：体相 $CuInS_2$ 的导带能级只比 CdS 低 0.05eV，使得 $CuInS_2$ 核中的电子波函数很容易地扩散到 CdS 壳层，如图 3-10 所示。这种增强的电子波函数扩散能够强化 $CuInS_2/CdS$ 核/壳量子点和 TiO_2 间的电子耦合，有利于实现高效的电子转移过程。而在 $CuInS_2/CdS$ 核/壳结构中，CdS 壳层对于空穴却是个高势垒，空穴波函数很难扩散到壳层中[164,165]，所以在 CdS 壳层包覆之后光生电子和空穴波函数在空间上的交叠程度降低，进而导致一个更快更有效的电子转移过程[165]。另外，量子点大的比表面积以及非常多的表面态增大了量子点表面对其电子动力学过程的影响[172]。过去很多工作也证明了利用宽带隙的半导体壳层（如 CdS 和 ZnS）钝化量子点表面缺陷，抑制表面缺陷对于光生电子的俘获，能够有效地改善电子转移过程和光伏器件的性能[75,160,173]。在我们的工作中，CdS 壳层的包覆能迅速地降低 $CuInS_2$ 量子点的无辐射复合速率，如表 3-1 所示，表明 CdS 壳层能够钝化 $CuInS_2$ 量子点表面缺陷态，而这些缺陷态通常会与电子转移过程产生竞争[151,174,175]。

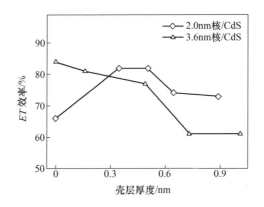

图 3-12　不同核尺寸的 CuInS₂/CdS 核/壳量子点到 TiO₂ 的
电子转移效率与壳层厚度关系曲线

　　综上，CdS 壳层对于表面缺陷的钝化作用，从 CuInS₂ 核到 CdS 壳层增强的电子波函数扩散以及电子和空穴波函数降低的空间交叠程度使得从 CuInS₂/CdS 核/壳量子点到 TiO₂ 的电子转移过程相对于相应裸核量子点（2.0nm）更有效。而当 CuInS₂ 裸核量子点尺寸增大时，减弱的量子限域效应使其与 CdS 间的势垒高度增大，弱化了电子波函数到壳层的扩散，所以以 3.6nm 的裸核量子点在包覆CdS 壳层后电子转移效率会降低。值得注意的是，从 CuInS₂ 量子点到 TiO₂ 的电子转移效率在 CdS 壳层厚度达到 1.5ML 时仍然处于较高的水平，如图 3-12 所示。因此，在实际的量子点敏化太阳能电池的构建中，在 CuInS₂ 裸核量子点表面钝化 1~2ML 的 CdS 壳层，不仅对电子转移效率影响很小，而且能增加量子点的稳定性以及减弱从 TiO₂ 到量子点不利的电荷再复合过程。

　　然后，我们利用公式（3-5）拟合了 CuInS₂/CdS 核/壳量子点到 TiO₂ 的电子转移速率实验值与其表面电子态密度理论值。对于 2.0nm 核的 CuInS₂/CdS 核/壳量子点，其 β 值分别为 3.03nm⁻¹ 和 1.68nm⁻¹，3.6nm 核的量子点的 β 值分别为 3.01nm⁻¹ 和 1.38nm⁻¹[164,168]，如图 3-9 所示。从图中可以看出，同一 CuInS₂/CdS 核/壳量子点到 TiO₂ 的电子转移速率实验值与其表面电子态密度理论值存在不符性，但是这种不符性并没有在 CuInS₂/ZnS 核/壳量子点中发现[168]，即这种实验值和理论值之间的差异取决于壳层材料的不同。这是因为，从 CuInS₂ 核到CdS 相对于 ZnS 壳层增强的电子波函数扩散使得 CuInS₂/CdS 核/壳量子点自身对于表面缺陷态更敏感[169,176]。同时，量子点的表面缺陷作为无辐射陷阱会与电子转移过程产生竞争并影响此过程[151,174,175]。因此，CuInS₂/CdS 核/壳量子点到 TiO₂ 的电子转移速率实验值与其表面电子态密度理论值之间的不符性可能来源于量子点表面缺陷对于电子转移过程增强的影响。

3.4 本章小结

我们利用时间分辨光谱研究了从 $CuInS_2/CdS$ 和 $CuInS_2/ZnS$ 核/壳量子点到 TiO_2 的电子转移过程。从 $CuInS_2/CdS$ 核/壳量子点到 TiO_2 的电子转移速率与效率都要优于相同核尺寸、壳层厚度的 $CuInS_2/ZnS$ 核/壳量子点，源于 $CuInS_2/CdS$ 量子点内降低的电子和空穴波函数的空间交叠程度，$CuInS_2$ 核到 CdS 壳层增强的电子波函数扩散以及量子点表面增大的电子态密度。另外，2.0nm 的 $CuInS_2$ 裸核量子点到 TiO_2 的电子转移效率在包覆 1ML 的 CdS 壳层后从 66% 增加到 82%，归因于有效的表面缺陷的钝化，$CuInS_2$ 核到 CdS 壳层增强的电子波函数扩散以及降低的电子和空穴波函数空间交叠程度。这些结果表明，对量子点核壳间能带排布的调控以及表面缺陷的钝化能够有效地优化电子转移过程，并表明在实际的量子点敏化太阳能电池构建中选择具有低导带边的壳层钝化材料是必要的。

4 碳纳米点与 TiO₂ 间在可见光区高效的电荷分离过程

4.1 引言

碳材料，包括富勒烯、石墨烯、碳纳米管和碳纳米点（CD）等，有望替代有机染料和传统的半导体量子点在生物成像与传感、光催化、发光二极管以及光伏等领域的应用[32,82,86,129,136,177~179]。作为一颗新星，碳纳米点由于具有水溶性、好的稳定性、低毒性、抗光漂白和良好的生物相容性，正引起科研人员的广泛关注[84,99,108,128,137,180,181]。从碳纳米点到 TiO₂ 的电子转移被证明是可行的，而且碳纳米点敏化的 TiO₂ 光电极也已开始被应用于光催化和光伏等领域[84,94,95,97,98,105,106]。在太阳能电池中，电子转移是产生光电流的重要的光物理过程[147,161]。而在太阳光下碳纳米点到 TiO₂ 的电子转移过程仍然是低效的[105]。截至目前为止，碳纳米点敏化太阳能电池的功率转换效率只有 0.13%（Mirtchev 等人报道）[105]。作者指出碳纳米点敏化太阳能电池如此低的转换效率可能归因于从碳纳米点到 TiO₂ 低效的电子转移过程。大多数通过激光消融法、电化学法和高温热解法制备的碳纳米点的主要吸收谱带都位于紫外区[84]，不利于其对太阳光的吸收。而 Mirtchev 等人所使用的碳纳米点的主要吸收谱带也位于紫外区，并附带一可见光区的拖尾吸收[105]。可见光区的拖尾吸收谱带可能来自表面缺陷态引起的吸收[182,183]，而表面缺陷是不稳定的，并且通常是能量耗散中心，不利于实现有效的电子转移过程[147,151,174,184]。另外，已报道的碳纳米点表面大都钝化有绝缘的有机长链分子[84,128,133]，使其不能直接地与 TiO₂ 纳米粒子接触，也不利于实现有效的电子转移以及构建基于此类碳纳米点的高效的光伏器件[101,161]。综上所述，欲获得高性能的碳纳米点敏化太阳能电池，光敏材料碳纳米点应该具有可见光区的本征吸收，表面没有绝缘的有机长链分子修饰并能有效地整合到 TiO₂ 上。因此，构建这种基于此类碳纳米点/TiO₂ 复合物的光电极来证明高性能的碳纳米点敏化太阳能电池的可行性是很有意义的。

在此之前，Qu 等人通过微波法制备了无长链分子修饰、在可见光区具有很强特征吸收峰的碳纳米点（CDs-V），其光稳定性明显地优于有机染料分子[128,133,185,186]，并实现了来自 CDs-V 的放大的自发绿光发射以及绿色激光[133]。由此判定 CDs-V 的绿光发射为本征态的发射，其可见光区的特征吸收峰来自本征态的吸收而不是表面缺陷态的吸收[133]。在本章工作中,我们证明 CDs-V 能够与 TiO_2 相结合并将 TiO_2 的吸收拓展到可见光区。通过将 CDs-V 整合到 FTO 基底上的 TiO_2 薄膜制备出高效的光电极,从 CDs-V 到 TiO_2 的电子转移速率与效率分别为 $8.8×10^8 s^{-1}$ 和 91%。然后通过调节外部环境研究了 CDs-V/TiO_2 复合物内的电子转移和电荷分离过程。CDs-V/TiO_2 复合物在可见光下的光催化活性要明显地优于 TiO_2 和具有紫外区光吸收的碳纳米点(CDs-U)/TiO_2 复合物,表明在 CDs-V/TiO_2 复合物内可见光生电子和空穴能有效地分离。然后我们制备了 CDs-V 敏化的 TiO_2 太阳能电池,IPCE 结果也表明在可见光下 CDs-V 和 TiO_2 间可以实现高效的电荷分离。以上结果表明,无长链分子修饰、具有可见光区本征吸收的碳纳米点能够成为很好的光敏材料,并预示着实现高效的碳纳米点敏化太阳能电池的可能。

4.2 实验部分

4.2.1 CDs-V 的制备

将 3g 柠檬酸和 6g 尿素溶于 20mL 去离子水中形成透明溶液,然后将混合溶液放入 750W 的微波炉中微波加热 5min 左右,在此过程中反应液从无色溶液逐渐变为淡棕色溶液,最后变为深褐色固体,表明形成了碳纳米点。将反应产物溶于去离子水,以 8000r/min 的速度离心分离 20min,此过程重复三次。

4.2.2 CDs-U 的制备

将 3g 柠檬酸和 6g 尿素溶于 20mL 去离子水中形成透明溶液,并将混合溶液放入 50mL 聚四氟乙烯内胆的不锈钢反应釜内。然后将装有反应混合溶液的反应釜置于高温烘箱中并加热到 160℃保持 4h。

4.2.3 碳纳米点/TiO_2 复合物的制备

碳纳米点/TiO_2 复合物通过简单地将 P25 粉末分散于 CDs-U 或 CDs-V 水溶液中(5mg/mL),在室温下持续搅拌 24h 制备而得。将反应产物用去离子水稀释并以 5000r/min 的速度离心分离以去掉没有吸附到 TiO_2 上的碳纳米点直至上清液无荧光为止。然后将所得样品在 80℃干燥并保存在真空干燥箱中以备进一步的实验和表征。

4.2.4 玻璃及 FTO 基底上 CDs-V/TiO_2 复合物的制备

将制备好的 TiO_2 浆料以 2500r/min 的速度旋涂在玻璃或 FTO 基底上,然后置入马弗炉中在 500℃下焙烧 60min,自然冷却至室温得到 TiO_2 介孔薄膜。然后将上述 TiO_2 介孔薄膜浸泡在浓度为 5mg/mL 的 CDs-V 水溶液中 24h,并用去离子水反复清洗以去掉未吸附的碳纳米点，最终获得了分别以玻璃和 FTO 为基底的 CDs-V/TiO₂复合物。

4.2.5　碳纳米点敏化太阳能电池的制备

TiO₂介孔薄膜通过在 FTO 基底上连续的丝网印刷 P25 浆料作为透明层（9.5±0.5）μm，30%（质量分数）200~400nm 的 TiO₂ 与 70%（质量分数）的 P25 混合浆料作为光散射层（6.5±0.5）μm 制备而得。然后将上述基底在 500℃ 下焙烧 60min，自然冷却至室温，并用 TiCl₄ 水溶液处理。将 TiCl₄ 水溶液处理过后的 TiO₂介孔薄膜浸泡在浓度为 5mg/mL 的 CDs-V 水溶液中 24h，并用去离子水反复冲洗掉未吸附的碳纳米点。选用镀有金属铂的 FTO 作为对电极，并用装订夹将镀有金属铂的 FTO 对电极，Scotch 垫片和碳纳米点敏化的 TiO₂薄膜电极封装起来。最后将适量的 I⁻/I₃⁻电解液通过镀有金属铂的 FTO 对电极上事先钻好的空洞注入到电池内部。

4.2.6　光催化活性实验

样品的光催化活性通过测量罗丹明 B(RhB) 染料分子在加入催化剂之后在可见光下的降解速率进行评估，所用光源为 Zolix SS150 太阳光模拟器（附带 400nm 截止滤光片）。将催化剂 CDs-V、P25、CDs-U/TiO₂ 和 CDs-V/TiO₂ 复合物以 5mg/mL 的浓度溶于去离子水中。分别取 0.1mL 上述溶液与 0.1mL RhB 水溶液（100ppm）混合溶于 3mL 去离子水中，并在暗室下持续搅拌 1h 以实现催化剂和 RhB 间的吸附/去吸附平衡。然后将上述溶液曝光于可见光下（持续搅拌），并记录下可见光照射不同时间后 RhB 特征吸收峰值的变化。吸收光谱通过 USB4000-UV-VIS 光谱仪的吸收模式原位测量，所用参考光来自 Ocean Optics HL-2000 光源，将 510nm 的截止滤光片装于此光源上以防止参考光对 CDs-U 和 CDs-V 的激发。参考光通过 Ocean Optics QP8-2-SMA-BX 型光纤引入，Ocean Optics QP1000-2-SR 型光纤引出。

4.2.7　样品的表征

CDs-V 水溶液和 CdSe/ZnS 核/壳量子点甲苯溶液的吸收光谱用 UV-3101PC UV-Vis-NIR 型扫描光度计（Shimadzu）测量。CDs-V 和 CdSe/ZnS 核/壳量子点的质量消光系数利用 Lambert-Beer 定律计算：$A = \varepsilon CL$，其中 A 是样品溶液的吸收值，$C(g/L)$ 为质量浓度，$L(cm)$ 是参考光通过石英比色皿内样品溶液的路径长度，此处取为 1cm，$\varepsilon(cm^{-1}(g/L)^{-1})$ 为质量消光系数。所有样品的发光光谱通过 Hitachi F-7000 光谱仪测量。漫反射光谱也是用配有积分球的 Hitachi F-7000 光谱仪测量所得，BaSO₄ 粉末为参比。通过 TECNAI G2 透射电子显微镜（TEM）

（Philips）表征了 CDs-V/TiO$_2$ 复合物的形貌结构。样品的时间分辨光谱由 LifeSpec-II 光谱仪（Edinburgh Instruments）表征，激发光源为 405nm 发射的皮秒脉冲激光二极管。对 RhB 特征吸收峰的实时监测通过 USB4000-UV-VIS 光谱仪的吸收模式原位测量，所用参考光来自 Ocean Optics HL-2000 光源，将 510nm 的截止滤光片装于此光源上以防止参考光对 CDs-U 和 CDs-V 的激发。RhB 水溶液以及 RhB 和各种催化剂的混合溶液的 pH 值通过 PHS-3C 型 pH 计测量。光催化实验中，溶液表面的光照强度利用配有 3A 激光探头的 Ophir LaserStar 激光功率计测得。通过 Keithley 2000 万用表表征碳纳米点敏化太阳能电池的 IPCE 光谱，入射光源为配有 Spectral Product DK240 单色仪的 300W 钨丝灯泡。所有的测试均在室温下进行。

4.3 结果与讨论

4.3.1 CDs-V/TiO$_2$ 复合结构的构建及形貌分析

CDs-V 以 3g 柠檬酸和 6g 尿素作为初始反应原料以过去已报道的方法制备[128,133]。图 4-1 给出了 CDs-V 水溶液和 CDs-V/TiO$_2$ 复合物的吸收光谱以及 CDs-

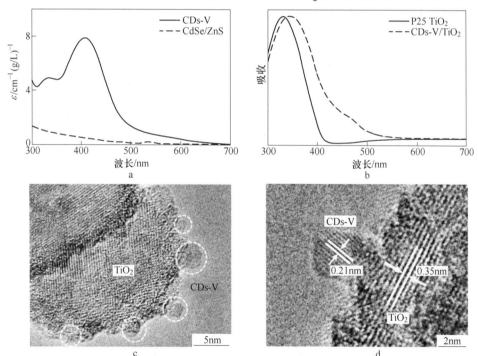

图 4-1 CDs-V 溶于水中和 CdSe/ZnS 核/壳量子点溶于甲苯中的质量消光系数光谱（a），
TiO$_2$ 和 CDs-V/TiO$_2$ 复合物归一化的 UV-Vis 吸收光谱（b）以及
CDs-V/TiO$_2$ 复合物的高分辨 TEM 照片（c, d）

V/TiO$_2$复合物的 TEM 照片。从图 4-1a 中可以看出，CDs-V 在可见光区 400~500nm 区间具有一个明显的本征吸收峰，并且 CDs-V 在整个吸收谱带的质量消光系数都要明显地高于 CdSe/ZnS 核/壳量子点，尤其是在可见光区，表明碳纳米点可以作为很好的光敏材料应用于光伏领域。CDs-V 和 TiO$_2$ 间紧密的结合是实现高效电子转移过程的关键。CDs-V/TiO$_2$ 复合物通过将 CDs-V 和 TiO$_2$ 简单地混合溶于水中并搅拌 24h 制得，然后将反应混合物用去离子水稀释并以 5000r/min 的速度离心分离，直至上清液无荧光为止，如实验部分4.2.3 节所述。将碳纳米点吸附到 TiO$_2$ 上后，TiO$_2$ 水溶液的颜色从纯白色变为淡棕色，如图 4-2 所示，证明 CDs-V 成功地吸附到了 TiO$_2$ 纳米粒子上。

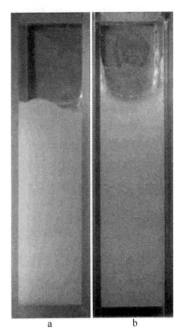

图 4-2 TiO$_2$ （a）和 CDs-V/TiO$_2$ 复合物（b）水溶液的实物照片

图 4-1b 所示为 TiO$_2$ 和 CDs-V/TiO$_2$ 复合物粉末漫反射光谱转换得到的吸收光谱，可以看出纯的 TiO$_2$ 在大于 400nm 的光区几乎没有吸收，而 CDs-V/TiO$_2$复合物在可见光区 400~600nm 区间具有连续的宽谱带吸收，也表明 CDs-V 成功地吸附到了 TiO$_2$ 表面。为了进一步证明 CDs-V 被成功地整合到了 TiO$_2$ 表面，我们表征了 CDs-V/TiO$_2$ 复合物的高分辨 TEM 照片，如图 4-1c 和图 4-1d 所示。0.35nm 的晶格条纹对应于锐钛矿 TiO$_2$ （101）晶面，而 0.21nm 的晶格条纹则代表了石墨烯碳的（102）晶面，如图 4-1d 所示，更直观地证明了 CDs-V 确实被成功地整合到了 TiO$_2$ 纳米粒子表面。并且可以看到 CDs-V 表面并无长链有机分子修饰，因此 CDs-V 的内核能够直接地与 TiO$_2$ 接触，实现了二者间的紧密接触，这种紧密的接触有利于实现高效的电子转移过程。

4.3.2 CDs-V 到 TiO$_2$ 的电子转移动力学过程分析

为了清晰地阐明 CDs-V/TiO$_2$ 复合物内的电子转移过程，我们研究了 CDs-V/TiO$_2$ 复合物水溶液的稳态及时间分辨发光性质。将 CDs-V 吸附到 TiO$_2$ 纳米粒子表面之后，我们发现 CDs-V 的稳态发光被明显地猝灭。同时，将 CDs-V 吸附于 TiO$_2$ 光电极之后，碳纳米点的荧光寿命明显变短，说明发生了从 CDs-V 到 TiO$_2$ 的电子转移过程[163]，如图 4-3 空心符号曲线所示。

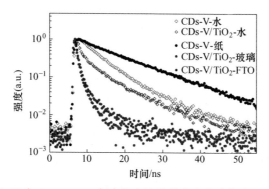

图 4-3 CDs-V 和 CDs-V/TiO$_2$ 复合物水溶液的荧光衰减曲线（空心符号），
吸附于滤纸以及玻璃和 FTO 基底上 TiO$_2$ 薄膜的 CDs-V 置于空气中的荧光衰减
曲线（实心符号），激发波长：405nm，监测波长：530nm

从 CDs-V 到 TiO$_2$ 的电子转移速率（k_{ET}）与效率（η_{ET}）通过以下公式计算：

$$k_{ET} = \frac{1}{\tau_{ave}(\text{CD-TiO}_2)} - \frac{1}{\tau_{ave}(\text{CD})} \tag{4-1}$$

$$\eta_{ET} = 1 - \frac{\tau_{ave}(\text{CD-TiO}_2)}{\tau_{ave}(\text{CD})} \tag{4-2}$$

式中，$\tau_{ave}(\text{CD})$ 和 $\tau_{ave}(\text{CD-TiO}_2)$ 分别是 CDs-V 和 CDs-V/TiO$_2$ 复合物的平均荧光寿命[163,168,171]。然后将 CDs-V 和 CDs-V/TiO$_2$ 复合物水溶液的时间分辨光谱采用双指数或三指数拟合得到样品的平均荧光寿命，并利用上述公式计算得到电子转移速率与效率，列于表 4-1 中。

表 4-1 CDs-V 和 CDs-V/TiO$_2$ 复合物水溶液以及吸附于滤纸和玻璃与 FTO 基底上 TiO$_2$ 薄膜的 CDs-V 置于空气中的荧光衰减曲线的拟合参数以及 CDs-V 到 TiO$_2$ 的电子转移速率与效率

样　品	τ_1/ns	a_1/%	τ_2/ns	a_2/%	τ_3/ns	a_3/%	τ_{ave}/ns	k_{ET}/s^{-1}	η_{ET}/%
CDs-V-水	4.96	74.70	11.02	25.30			6.49		
CDs-V/TiO$_2$-水	0.60	22.05	4.29	40.14	10.75	37.81	5.92	0.15×10^8	8.8
CDs-V-纸	5.37	11.55	13.10	88.45			12.20		
CDs-V/TiO$_2$-玻璃	0.24	50.01	1.51	34.02	9.42	15.97	2.14	3.9×10^8	82
CDs-V/TiO$_2$-FTO	0.15	52.25	1.02	35.40	4.89	12.35	1.04	8.8×10^8	91

注：CDs-V-水和 CDs-V-纸分别是水中和空气中的参比样品，平均荧光寿命利用公式 $\tau_{ave} = \sum\limits_{i=1}^{n} a_i \tau_i$ 计算得到[187,188]。

从表中可以看出，在水溶液中从 CDs-V 到 TiO$_2$ 的电子转移速率与效率分别为 0.15×10^{8}s^{-1} 和 8.8%。为了更深地理解 CDs-V 和 TiO$_2$ 间的电学相互作用，我们研究了 CDs-V/TiO_2 复合物在空气中的发光动力学过程,如图 4-3 实心符号曲线所示。待测样品通过将玻璃或 FTO 基底上的介孔 TiO_2 薄膜浸泡在浓度为 5mg/mL 的 CDs-V 水溶液中 24h,并用去离子水反复冲洗掉未吸附或者聚集的碳纳米点制得。另外,之前的工作报道过碳纳米点能够很好地分散吸附于滤纸上并表现出增强的荧光发射[128],并且滤纸是绝缘的,在 CDs-V/滤纸复合体系中没有电子转移过程发生,所以将低浓度的 CDs-V 水溶液分散于滤纸上作为参比样品。如图 4-3 实心符号曲线所示,相比水中,空气中玻璃基底上的 CDs-V/TiO_2 复合物的荧光衰减明显变快,当将该复合物置于 FTO 导电玻璃基底后其荧光衰减会进一步变快。计算得到玻璃基底上从 CDs-V 到 TiO_2 的电子转移速率和效率分别为 $3.9×10^8 s^{-1}$ 和 82%。当将该复合物置于 FTO 导电玻璃基底上后,电子转移速率和效率分别达到 $8.8×10^8 s^{-1}$ 和 91%。这些结果证明从 CDs-V 到 TiO_2 的电子转移过程是有效的。而前面提到在水溶液中从 CDs-V 到 TiO_2 的电子转移速率与效率只有 $0.15×10^8 s^{-1}$ 和 8.8%,明显地劣于该复合物在空气中的电子转移过程。其原因分析如下:从 CDs-V 转移到 TiO_2 导带上的电子有三个可能的消散渠道,分别为被周围氧气分子抽取[95],被 TiO_2 内的缺陷态俘获以及从 TiO_2 导带到 CDs-V 的再复合过程,如图 4-4 所示。当将该复合物置于空气中时,空气中的氧气含量要明显地高于水中,使得从 CDs-V 转移到 TiO_2 导带上的电子能够有效地被氧气分子抽取。然而,当将该复合物置于水中时,水中低的氧气含量不能够有效地抽取转移到 TiO_2 导带上的电子,所以在水溶液中从 CDs-V 到 TiO_2 的电子转移过程要明显地劣于该复合物在空气中的电子转移过程。同时依此可以推断,另外两个电子消散渠道即被 TiO_2 缺陷态的俘获和再复合过程与周围环境氧气抽取过程相比是低效的。

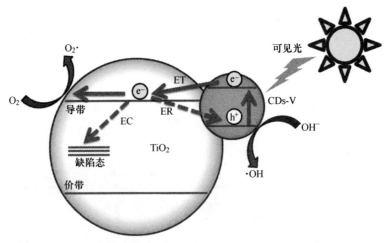

图 4-4　可见光下 CDs-V/TiO_2 复合物中电子转移过程(ET)和光生电子可能的消散渠道
(氧气分子对电子的抽取,TiO_2 中的缺陷态对电子的俘获(EC)以及从 TiO_2 到 CDs-V 的电子再复合过程(ER))

因为有效的 TiO_2 缺陷态的俘获和再复合过程同样能够很快地抽取从 CDs-V 转移到 TiO_2 导带上的电子，进而促进电子转移过程，也就不会导致我们所观察到的明显地周围环境氧气含量依赖的电子转移性质。而将玻璃基底替代为 FTO 导电玻璃基底后，能够进一步地促进电子转移过程。这是因为 FTO 导电薄膜提供了另一个电子消散渠道，增强了对转移到 TiO_2 导带上的电子的抽取。基于以上讨论，转移到 TiO_2 导带的电子被缺陷态俘获和再复合的几率相比于被氧气抽取要小得多，可以推测出在实际的碳纳米点光伏器件中，CDs-V/TiO_2 复合结构内的光生电荷可以通过闭合回路有效地分离并收集。

4.3.3 CDs-V/TiO$_2$ 复合物光催化活性分析

接下来，通过 CDs-V/TiO_2 复合物的光催化实验进一步地研究该复合物内的电荷分离过程。我们观测了 CDs-V/TiO_2 复合物对有机染料 RhB 在可见光下的降解速率（$\lambda > 400nm$），图 4-5 给出了 RhB 混合有不同催化剂的水溶液在不同时间光照后的吸收光谱。从图 4-5e 可以看出，RhB 在 554nm 处的特征吸收峰在加入 CDs-V/TiO_2 复合物后经可见光照射后迅速地降低并伴有明显的蓝移。这是因为存在两个光降解过程同时起作用，即共轭环形结构发色团的分裂和 RhB 染料分子的脱乙基过程[189,190]。

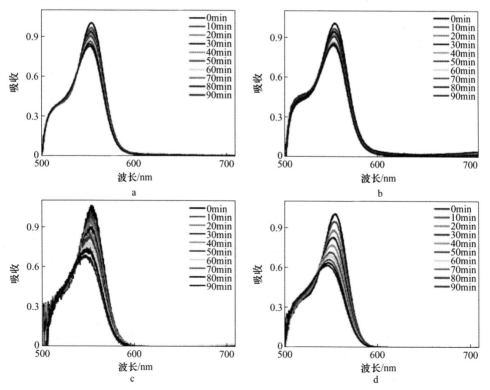

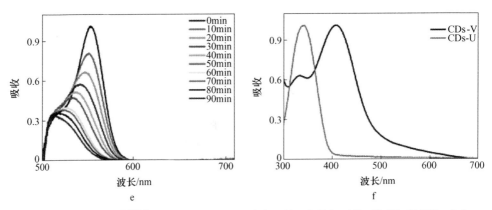

图 4-5 RhB（a）和混有 CDs-V（b）、TiO$_2$（c）、CDs-U/TiO$_2$（d）及 CDs-V/TiO$_2$（e）
复合物的 RhB 水溶液在不同时间光照后的吸收光谱以及 CDs-U 和 CDs-V
水溶液归一化的 UV-Vis 吸收光谱（f）

然后将混有不同催化剂的 RhB 水溶液在可见光照一定时间后的特征吸收峰值强度（C）与照射之前的峰值强度（C_0）做比值（C/C_0）并整理于图 4-6a 中。

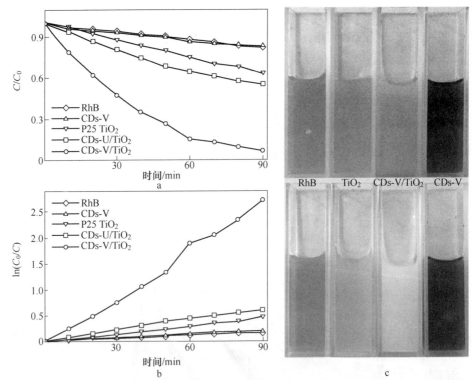

图 4-6 CDs-V、TiO$_2$、CDs-U/TiO$_2$ 和 CDs-V/TiO$_2$ 复合物在可见光（$\lambda > 400$nm）下的光催化
性能（a，b，RhB 和混有 CDs-V、TiO$_2$、CDs-U/TiO$_2$ 和 CDs-V/TiO$_2$ 复合物的 RhB 水溶液的
pH 值分别为 6.51、6.42、6.14、6.32 和 6.47，光照面积为 1cm^2，光照强度为 72.5mW/cm^2），
RhB（10ppm）和混有 TiO$_2$、CDs-V/TiO$_2$ 复合物以及 CDs-V（各催化剂的浓度均为
0.5mg/mL）的 RhB（10ppm）水溶液在日光照射 2h 前后的光学照片（c）

图 4-6b 所示为 RhB 的光降解动力学过程，即 $\ln(C_0/C)$[95]。

从图 4-6a 和图 4-6b 可以看出，CDs-V 在可见光下对 RhB 几乎没有降解作用，而 CDs-V/TiO$_2$ 复合物对 RhB 的降解速率要明显地快于 TiO$_2$，表明 CDs-V/TiO$_2$ 复合物内的光诱导的电荷分离是优化 TiO$_2$ 光催化活性的主要因素[94,95,97,98]。另外，基于具有紫外区光吸收的碳纳米点的 CDs-U/TiO$_2$ 复合物的光催化活性也被研究并列于图 4-6 中。CDs-U 参照已有的方法制备[95]，CDs-U/TiO$_2$ 复合物的制备方法与 CDs-V/TiO$_2$ 复合物相同。从图 4-6a 和图 4-6b 可以看出，CDs-U/TiO$_2$ 复合物在可见光下对 RhB 染料的降解效果与 TiO$_2$ 相近，并且明显地劣于 CDs-V/TiO$_2$ 复合物，归因于 CDs-U 在可见光区较弱的吸收（如图 4-5f 所示）。由此可以推断，优化 TiO$_2$ 光催化活性的关键是选择具有可见光区吸收的碳纳米点（CDs-V）作为光敏剂来构建碳纳米点/TiO$_2$ 复合体系以实现其在可见光下的电荷分离。图 4-6c 给出了纯 RhB 以及分别混有 TiO$_2$、CDs-V/TiO$_2$ 和 CDs-V 的 RhB 水溶液置于日光下 2h 的实物照片。从图中可以看到，大多数的 RhB 染料分子在太阳光下 2h 都能够被 CDs-V/TiO$_2$ 复合物降解，明显地优于 TiO$_2$ 对 RhB 的降解效果。CDs-V/TiO$_2$ 复合物良好的光催化活性表明水溶液中极少量的 O$_2$ 分子和 OH⁻ 能够分别有效地抽取 CDs-V/TiO$_2$ 复合物中的光生电子和空穴产生 O$_2$·和·OH 以降解 RhB，如图 4-4 所示。这也间接地说明从 TiO$_2$ 到 CDs-V 的电子再复合过程是低效的。综上，也可以推测在实际的碳纳米点光伏器件中，CDs-V/TiO$_2$ 内的光生电荷可以通过闭合回路有效地分离并收集。

4.3.4 CDs-V 敏化太阳能电池的构建与性能表征

选用 I⁻/I$_3^-$ 电解液并采用传统染料敏化太阳能电池的结构制备了碳纳米点敏化太阳能电池，以进一步研究 CDs-V 和 TiO$_2$ 间的电荷分离过程。图 4-7 所示为纯 TiO$_2$ 和碳纳米点敏化的 TiO$_2$ 太阳能电池的 IPCE 光谱。由于 TiO$_2$ 具有较宽的带隙（3.2eV），纯 TiO$_2$ 太阳能电池在可见光区的 IPCE 值几乎为零。相比之下，碳纳米点敏化的 TiO$_2$ 太阳能电池的 IPCE 在可见光区（380~500nm）得到明显的增强，表明 CDs-V 在可见光区的吸收有利于光电流的产生。但是，目前所制备的碳纳米点敏化的 TiO$_2$ 太阳能电池的性能还不是很令人满意。这是因为，在 CDs-V/TiO$_2$ 复合物的吸收光谱中 CDs-V 和 TiO$_2$ 的吸收值之比相对较低，如图 4-1b 所示，即 TiO$_2$ 电极上 CDs-V 的吸附量偏少，导致器件对可见区入射光的利用率较低，从而导致器件性能不高。但是考虑到 CDs-V 相对较低的吸附度以及碳纳米点敏化太阳能电池的 IPCE 谱和 CDs-V/TiO$_2$ 复合物的吸收光谱具有相似的谱形，CDs-V 和 TiO$_2$ 间光诱导的电荷分离过程应该是有效的。碳纳米点敏化太阳能电池的性能可以通过增加 TiO$_2$ 电极上 CDs-V 的吸附量得以优化，相关的工作也正在进行中。

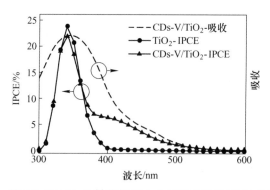

图 4-7 纯 TiO₂ 和 CDs-V 敏化的 TiO₂ 太阳能电池的 IPCE 曲线以及

CDs-V/TiO₂ 复合物的 UV-Vis 吸收光谱

4.4 本章小结

无长链分子修饰、在可见光区具有本征吸收的碳纳米点（CDs-V）被紧密地整合到 TiO₂ 纳米粒子上。发光动力学研究结果证明在 CDs-V/TiO₂ 复合物中，CDs-V 上的光生电子能够快速而有效地转移到 TiO₂ 上，电子转移速率与效率分别为 $8.8 \times 10^8 s^{-1}$ 和 91%。另外，CDs-V/TiO₂ 复合物在可见光下表现出优秀的光催化活性，明显地优于 TiO₂ 和 CDs-U/TiO₂ 复合物，表明在 CDs-V/TiO₂ 复合物中可见光生电子和空穴能够有效地分离，且再复合过程是低效的。碳纳米点敏化太阳能电池的 IPCE 结果也表明在可见光下 CDs-V 和 TiO₂ 间的电荷分离过程是有效的。以上结果证明无长链分子修饰、具有可见光区本征吸收的碳纳米点能够成为良好的光敏材料，并且在实际的碳纳米点光伏器件中，CDs-V/TiO₂ 内的可见光生电荷可以通过闭合回路有效地分离并收集。

5 基于碳纳米点与淀粉复合物的高效生物基荧光粉

5.1 引言

由于荧光碳纳米点（CD）具有水溶性、好的稳定性、低毒性、抗光漂白以及良好的生物相容性[81,83,84]，使其有望替代有机染料和多含重金属元素的半导体量子点在生物成像与传感[86~90,108,191,192]、发光图案构建[129,136]、编码[128]和光电器件[99~101,105,106]等领域的应用。截至目前为止，已经发展了很多制备碳纳米点的新方法以提高其发光量子效率，例如激光消融法、电化学法、高温热解法和微波法[81,83,84]。提高碳纳米点的发光量子效率是优化其性能以及拓展其应用领域的重要手段。目前，通过优化制备方法，碳纳米点水溶液的发光量子效率已经达到可比拟于商业化的 CdSe/ZnS 核/壳量子点的 60%[81,83,84,86,129,130,133]。碳纳米点如此优秀的发光性质极大地促进了其在生物及其他科学领域的应用。

最近，以荧光碳纳米点作为感光材料在照明领域的应用正引起人们广泛的关注[99~104,136]。但是由于碳纳米点存在严重地聚集引起的固态发光猝灭[102,104,128]，使得基于碳纳米点的固态发光器件性能依然不佳。只有很少数的研究工作报道了基于碳纳米点的高效的固态发光材料[102~104,129,136~139,193]。在这些已报道的材料体系中，通常将碳纳米点分散于有机聚合物基质中构建发光薄膜或凝胶玻璃来抑制碳纳米点聚集引起的固态发光猝灭。据我们所知，还没有有关分散基质对于碳纳米点发光量子效率的影响的报道。而且，这些已报道的基于碳纳米点和有机聚合物的发光材料往往具有固定的形状，使其在一些实际的应用中远不如荧光粉使用起来方便。因此，很有必要去探究分散基质对于碳纳米点发光量子效率的影响以及开发一种高效的绿色环保的碳纳米点荧光粉。

淀粉（Starch）具有环境友好、低成本、地球储量大以及通过植物光合作用可再生等优点。淀粉颗粒表面含有大量的羟基[194]，而碳纳米点具有生物相容性，其表面含有大量的羧基。所以将碳纳米点通过化学吸附的方法（氢键）整合到淀粉颗粒表面以开发出一种环境友好型的碳纳米点荧光粉是可行的。在本章中，我们提供了一种通过将碳纳米点分散整合于淀粉颗粒表面以制备高效碳纳米点荧光粉的普适法。将碳纳米点有效地分散于淀粉颗粒表面能够抑制碳纳米点内的无辐射复合过程和聚集引起的固态发光猝灭，使碳纳米点的无辐射复合速率由

固体聚集态时的 $3.7×10^8 s^{-1}$ 降为 $0.43×10^8 s^{-1}$，辐射复合速率由 $0×10^7 s^{-1}$ 增加到 $4.25×10^7 s^{-1}$。并且淀粉基质既不与碳纳米点竞争吸收激发光，也不吸收碳纳米点的发光，能够实现碳纳米点高效的固态发光。最终，制备出一种发光量子效率高达 50% 的基于 Starch/CD 复合结构的荧光粉。并且该碳纳米点荧光粉在温度传感、发光二极管和发光图案的构建等领域具有极大的应用潜力。所制备的碳纳米点荧光粉发光二极管在经优化的 50mA 电流下表现出 CIE 色坐标为 (0.26, 0.33) 的冷白光发射。

5.2 实验部分

5.2.1 绿光发射碳纳米点 (g-CDs) 的制备

g-CDs 参照之前已报道的方法制备[133]。将 1g 柠檬酸和 2g 尿素溶于 20mL 去离子水中形成透明溶液。然后将混合溶液放入 750W 的微波炉中微波加热 5min 左右，在此过程中反应液从无色溶液逐渐变为淡棕色溶液，最后变为深褐色固体，表明形成了碳纳米点。将反应产物溶于去离子水，以 8000r/min 的速度离心分离 20min，此过程重复三次。

5.2.2 蓝光发射碳纳米点 (b-CDs) 的制备

b-CDs 参照之前已报道的方法制备[95]。将 1g 柠檬酸和 2g 尿素溶于 20mL 去离子水中形成透明溶液。并将该混合溶液放入 50mL 聚四氟乙烯内胆的不锈钢反应釜内。然后将装有反应混合溶液的反应釜置于高温烘箱中并加热到 160℃ 保持 4h。

5.2.3 Starch/CD 荧光粉的制备

Starch/g-CDs 荧光粉（质量比为 20∶1～450∶1）通过将淀粉粉末与 g-CDs 混合溶于去离子水中并持续搅拌 24h 制备得到。之后将反应混合物经滤纸过滤以去除掉没有吸附到淀粉颗粒上的 g-CDs，再将留在滤纸上的固体块状物在真空冻干机中冻干，并将冻干的固体块利用玛瑙研钵研磨，网筛筛选，最终得到 Starch/g-CDs 荧光粉。通过将淀粉和 g-CDs 的初始混合质量比从 20∶1 调节到 45∶1、70∶1、200∶1 和 450∶1 来控制 g-CDs 在淀粉颗粒表面的包覆度。蓝色发光的 Starch/b-CDs 荧光粉的制备方法与绿色发光的 Starch/g-CDs 荧光粉相同。将制备好的荧光粉保存在真空干燥箱内以待进一步的实验和测试。

5.2.4 Starch/g-CDs 荧光粉发光二极管的制备

将 Starch/g-CDs 荧光粉（质量比为 45∶1 和 70∶1）分散于甲苯中并滴涂到

商业化的 GaN 蓝光二极管上（发光峰位：450nm），待 Starch/g-CDs 荧光粉覆盖的 GaN 芯片充分干燥后用透明的环氧硅胶封装。

5.2.5 Starch/CD 荧光粉发光块体及发光图案的构建

将环氧硅胶 A 和 B 组分按体积比 1:1 混合溶解在氯仿中，再将 Starch/CD 荧光粉加入上述环氧硅胶混合物中机械搅拌 20min，并倒入具有特定形状的模具中，自然干燥，然后剥离掉模具得到具有特定形状的 Starch/CD 荧光粉发光块体。各种形状的发光图案通过将不同颜色发光的 Starch/CD 荧光粉以特定的形状黏附于透明胶带上制备得到。

5.2.6 样品的表征

碳纳米点水溶液的吸收光谱通过 UV-3101PC UV-Vis-NIR 型扫描光度计（Shimadzu）测量。用 Hitachi F-7000 光谱仪测量样品的发光光谱，Starch/g-CDs 荧光粉的发光量子效率也用此光谱仪（配有积分球）测得。漫反射光谱也是用配有积分球的 Hitachi F-7000 光谱仪测量所得，$BaSO_4$ 粉末为参比。Starch/g-CDs 荧光粉的荧光照片通过 Nikon C2 共聚焦显微镜拍摄得到。通过 S4800 型场发射扫描电子显微镜（SEM）（Hitachi）表征了 Starch/g-CDs 荧光粉的形貌。样品的时间分辨光谱由 LifeSpec-Ⅱ 光谱仪（Edinburgh Instruments）表征，激发光源为 405nm 发射的皮秒脉冲激光二极管。使用 500W 的汞氙灯在距离样品 10cm 的位置照射 Starch/g-CDs 荧光粉（质量比为 45:1）和商业化的荧光染料墨水以测试它们的光稳定性。变温光谱的测量是通过将 Starch/g-CDs 荧光粉（质量比为 70:1）置于具有 80~370K 可控温度范围的微型低温恒温器内进行，激发光源为 405nm 的激光器，光谱通过 Jobin-Yvon Si-CCD 采集。Starch/g-CDs 荧光粉发光二极管的 CIE 色坐标通过 PR-705 分光辐射度计测量。

5.3 结果与讨论

5.3.1 Starch/g-CDs 荧光粉的制备方法与表征

g-CDs 以 1g 柠檬酸和 2g 尿素为初始反应原料参照已报道的方法制备[133]。将反应所得固态 g-CDs 溶于水中以 8000r/min 的速度离心 20min 去除掉聚集的颗粒，此过程重复三次。g-CDs 在 420nm 激发下发出很强的绿光，其水溶液发光量子效率可达 18%[133]。但是将 g-CDs 水溶液置于玻璃、金属以及塑料基底上干燥后，其发光会由于聚集产生严重的猝灭[128]。而 g-CDs 表面含有大量的羧基和氨基[128,133]，使其能够通过氢键吸附到淀粉颗粒表面。图 5-1 给出了 Starch/g-CDs 荧光粉的制备方法。

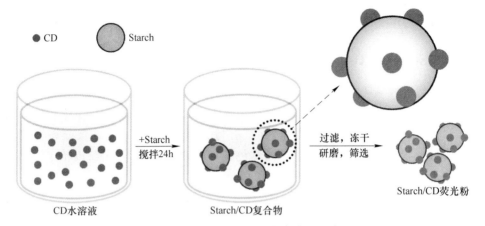

图 5-1　Starch/CD 荧光粉的制备方法示意图

将淀粉粉末和 g-CDs 简单地混合溶于去离子水中，并持续搅拌 24h，然后将反应混合物经过滤、冻干、研磨以及筛选的方法制备得到基于 Starch/g-CDs 复合结构的荧光粉。通过控制淀粉和 g-CDs 的初始混合质量比例（20∶1、45∶1、70∶1、200∶1 和 450∶1）制备出具有不同 g-CDs 组分的 Starch/g-CDs 荧光粉。图 5-2 给出了含有不同 g-CDs 组分的 Starch/g-CDs 荧光粉的实物照片，可以看出随着 g-CDs 包覆度的增加，荧光粉的颜色从白色逐渐的变为黄绿色，表明 g-CDs 确实吸附在了淀粉颗粒表面。

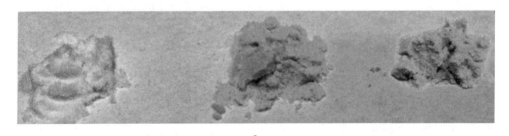

a

b

图 5-2　不同 g-CDs 组分的 Starch/g-CDs 荧光粉在室光（a）和紫外光（b）下的实物照片

（从左至右 Starch∶g-CDs 质量比分别为 450∶1、70∶1 和 20∶1）

图 5-3 所示为 Starch/g-CDs 荧光粉（质量比为 70∶1）的荧光照片，所制备的 Starch/g-CDs 荧光粉颗粒具有较均匀的介于 20~40μm 的粒径分布，在光激发下表现出很强的荧光发射。除此之外，从图 5-3 还可以直观地观察到碳纳米点激发波长依赖的发光特性[108]，即 Starch/g-CDs 荧光粉在紫外光、蓝光和绿光激发下，分别观察到了来自淀粉颗粒表面均匀的蓝绿光、黄绿光和红光发射，也证明了 g-CDs 是均匀地吸附在淀粉颗粒表面。图 5-4 所示为 Starch/g-CDs 荧光粉（质量比为 70∶1）的 SEM 照片，可以看到该荧光粉颗粒的粒径分布范围介于 20~50μm 之间，与其荧光照片（如图 5-3 所示）所得粒径分布结果一致。综上，通过化学吸附的方法将碳纳米点均匀地分散于淀粉颗粒表面能有效地抑制碳纳米点聚集引起的固态发光猝灭。

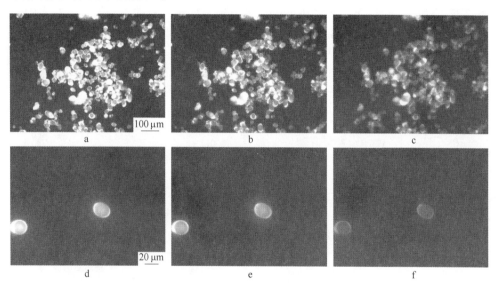

图 5-3 Starch/g-CDs 荧光粉（质量比为 70∶1）在紫外光（a, d）、蓝光（b, e）和
绿光（c, f）激发下的荧光照片

（曝光时间分别为 100ms（a, d）、150ms（b, e）和 6000ms（c, f））

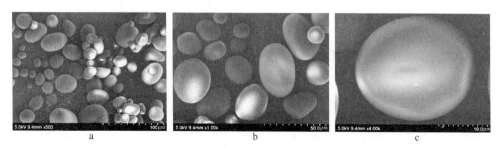

图 5-4 Starch/g-CDs 荧光粉在（质量比为 70∶1）100μm（a）、
50μm（b）及 10μm（c）标尺下的 SEM 照片

5.3.2 g-CDs 的固态发光猝灭机制与抑制猝灭方法

图 5-5a 所示为淀粉粉末、碳纳米点水溶液以及 Starch/g-CDs 荧光粉（质量比为 70∶1）的吸收光谱。纯淀粉粉末在大于 400nm 波长范围几乎没有吸收，而 Starch/g-CDs 荧光粉在可见光区 400~600nm 范围内具有与碳纳米点相似的连续的宽谱带吸收，证明碳纳米点吸附到了淀粉颗粒表面。同时，如前面所述，淀粉在 400~600nm 范围内（碳纳米点的主要吸收和发射谱带）几乎没有光吸收，意味着淀粉基质既不能与碳纳米点竞争吸收激发光，也不会吸收碳纳米点的发光，能够实现碳纳米点高效的发光。图 5-5b 所示为不同激发波长下 Starch/g-CDs 荧光粉（质量比为 70∶1）的发光光谱，可以看出该荧光粉也表现出类似于碳纳米点激发波长依赖的发光性质，而且在 420nm 激发下，该荧光粉的发光最强，发光中心波长为 515nm。该样品 515nm 处的激发光谱也表明约 420nm 为其最有效的激发波长。

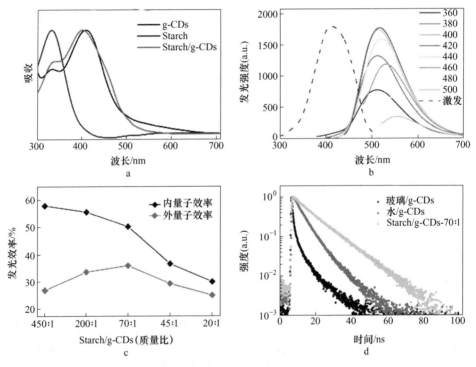

图 5-5 淀粉粉末（Starch）、g-CDs 水溶液和 Starch/g-CDs 荧光粉（质量比为 70∶1）的 UV-Vis 吸收光谱（a），Starch/g-CDs 荧光粉激发波长依赖的发光光谱（实线）和激发光谱（虚线，监测波长：515nm）（b），不同 g-CDs 组分的 Starch/g-CDs 荧光粉的发光量子效率（激发波长：420nm）（c），g-CDs 在水中和玻璃基底上以及 Starch/g-CDs 荧光粉（质量比为 70∶1）的荧光衰减曲线（激发波长：405nm，监测波长：515nm）（d）

然后，我们测量了 420nm 激发下具有不同 g-CDs 组分的荧光粉的发光量子效率，如图 5-5c 所示。从图中可以看出，随着 g-CDs 组分的增加，荧光粉的内量子效率从 58% 降低到 30%。随着 g-CDs 组分增加引起的内量子效率的降低可能归因于增强的碳纳米点间的自吸收。图 5-6 所示为不同 g-CDs 组分的 Starch/g-CDs 荧光粉的发光光谱（420nm 激发），可以看出随着 g-CDs 包覆度的增加，荧光粉的发光光谱发生红移，表明随着 g-CDs 包覆度的增加碳纳米点间的自吸收确实在逐渐增强。另外，质量比为 70：1 的 Starch/g-CDs 荧光粉表现出最优的外量子效率。由此可知，将碳纳米点分散于淀粉颗粒表面能有效地抑制碳纳米点聚集引起的固态发光猝灭，并基于此制备出了基于 Starch/g-CDs 复合结构的碳纳米点荧光粉。

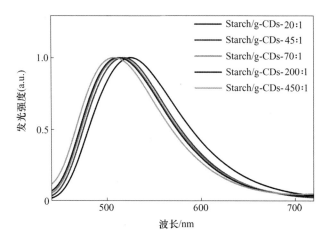

图 5-6　不同 g-CDs 组分的 Starch/g-CDs 荧光粉归一化的发光光谱
（激发波长：420nm）

为了进一步分析引起碳纳米点固态发光猝灭的机制，我们测量了 g-CDs 溶于水中、沉积于玻璃基底上以及吸附于淀粉颗粒表面的时间分辨光谱，如图 5-5d 所示。并将所有样品的时间分辨光谱采用双指数或三指数拟合得到样品的平均荧光寿命 τ，列于表 5-1 中。然后，利用公式（5-1）和式（5-2）计算了 g-CDs 在水中和玻璃基底上以及 Starch/g-CDs 荧光粉的辐射和无辐射复合速率并列于表 5-1 中。

$$QY = \frac{k_r}{k_r + k_{nr}} \tag{5-1}$$

$$\frac{1}{\tau} = k_r + k_{nr} \tag{5-2}$$

式中，QY 为发光量子效率；k_r 和 k_{nr} 分别代表辐射和无辐射复合速率。

表 5-1　g-CDs 在水中、玻璃基底上以及吸附于淀粉颗粒（Starch）表面（Starch/g-CDs 荧光粉（质量比为 70:1））的荧光衰减曲线的指数拟合参数以及辐射和无辐射复合速率

样品	τ_1/ns	a_1/%	τ_2/ns	a_2/%	τ_3/ns	a_3/%	τ_{ave}/ns	k_r/s^{-1}	k_{nr}/s^{-1}
玻璃/g-CDs	0.23	53.10	2.57	26.62	9.33	20.28	2.70	约 0	3.70×10^8
水/g-CDs	4.47	64.51	9.24	35.49			6.16	2.92×10^7	1.33×10^8
Starch/g-CDs	4.39	9.36	12.53	90.64			11.77	4.25×10^7	0.43×10^8

注：平均荧光寿命利用公式 $\tau_{ave} = \sum_{i=1}^{n} a_i\tau_i$ 计算[187,188]。

从表 5-1 中可以看出，g-CDs 在水中的 k_{nr} 为 $1.33\times10^8\,\mathrm{s}^{-1}$。当将 g-CDs 沉积于玻璃基底后，由于聚集引起的发光猝灭，在光激发下几乎观测不到 g-CDs 的发光，所以近似地认为其发光量子效率为零。在玻璃基底上，g-CDs 严重的聚集增强了 g-CDs 间的相互作用，使得 g-CDs 的 k_{nr} 由 $1.33\times10^8\,\mathrm{s}^{-1}$ 增加到 $3.70\times10^8\,\mathrm{s}^{-1}$，这也是导致 g-CDs 固态薄膜发光性质普遍较差的主要原因。将 g-CDs 吸附于淀粉颗粒表面，g-CDs 的 k_{nr} 迅速地降为 $0.43\times10^8\,\mathrm{s}^{-1}$，表明淀粉颗粒表面能有效地将 g-CDs 分散开，抑制 g-CDs 的无辐射复合过程和聚集引起的固态发光猝灭。再者，吸附于淀粉颗粒表面的 g-CDs 的 k_{nr} 较水溶液中的 g-CDs 还要慢，意味着与淀粉基质相比，水基质并不是一个实现 g-CDs 高效发光的理想的分散基质，因此 Starch/g-CDs 荧光粉的发光量子效率可以达到 50%，而水溶液中的 g-CDs 的发光量子效率只有 18%。另外，分散于淀粉颗粒上的 g-CDs 的 k_r 为 $4.25\times10^7\,\mathrm{s}^{-1}$。当将 g-CDs 溶于水后，$k_r$ 降低为 $2.92\times10^7\,\mathrm{s}^{-1}$，沉积于玻璃基底上后，降低为 $0\times10^7\,\mathrm{s}^{-1}$，这些结果表明不理想的分散基质和不充分的分散都能够干扰 g-CDs 的辐射复合过程并猝灭 g-CDs 的发光。

5.3.3　Starch/g-CDs 荧光粉温度依赖的发光性质

传统半导体量子点的变温发光性质已经被广泛地研究，但是有关碳纳米点的温度依赖的发光性质的研究还很少。有关温度依赖的发光性质的研究不仅能够使人们充分认识材料的发光机制[195]，而且还能探究材料在温度传感器中的应用潜力[196]。图 5-7a 所示为 Starch/g-CDs 荧光粉（质量比为 70:1）在 90~370K 温度范围内的变温光谱。从图中可以看出，随着环境温度的升高，荧光粉的发光强度明显降低，这是因为随着温度升高，会将许多无辐射复合中心激活，进而增强材料中的无辐射复合过程，引起材料的发光热猝灭[195~198]。再者，随着温度从 90K 升高到 370K，Starch/g-CDs 荧光粉的发光峰位发生 100meV 的红移（如图 5-7b 所示），源于温度升高引起的增强的电子-声子相互作用[195,197,198]。但是，随着温度升高，荧光粉的发光光谱的半高宽（FWHM）变化很小，如图 5-7c 所示，这是因为在该体系中相比于温度依赖的电子-声子相互作用，电子-电子相互作用占主导地位[195]。然后我们测试了 Starch/g-CDs 荧光粉的热稳定性，将该荧光粉分别置于 90K 和 370K 环境中并保持 2h，在此期间该荧光粉的发光光谱和峰值强度没有发生明显的变化，表明基于 Starch/g-CDs 复合结构的荧光粉具有较好的发光热稳定性，如图 5-7d 所示。再者，在低温区，Starch/g-CDs 荧光粉的发光强度和发光峰位对温度变化较敏感，表明该荧光粉具有应用于低温传感器的潜力。

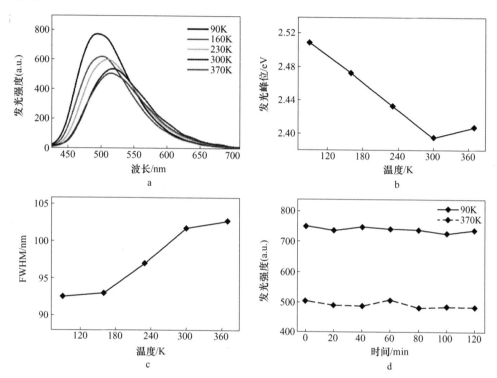

图 5-7　Starch/g-CDs 荧光粉（质量比为 70∶1）在温度范围 90~370K 的变温发光光谱（a）、发光峰位（b）、FWHM（c）（激发波长：405nm）以及 Starch/g-CDs 荧光粉（质量比为 70∶1）在空气环境下分别在 90K 和 370K 保持 2h 的发光峰位强度（d）

5.3.4　Starch/g-CDs 荧光粉白光二极管的制备及性能表征

我们测试了 Starch/g-CDs 荧光粉的光稳定性，如图 5-8 所示。将 Starch/g-CDs 荧光粉（质量比为 45∶1）和商业化的荧光染料墨水涂覆于玻璃基底上在相同的条件下置于 500W 的汞氙灯下，可以发现在光照 4h 后，荧光染料的发光几乎被完全猝灭，如图 5-8b 所示，而 Starch/g-CDs 荧光粉依然表现出很强的发光，证明该荧光粉具有很好的抗光漂白特性。如此好的光学特性表明该荧光粉在构建荧光粉发光二极管方面具有很大的应用潜力[199]。

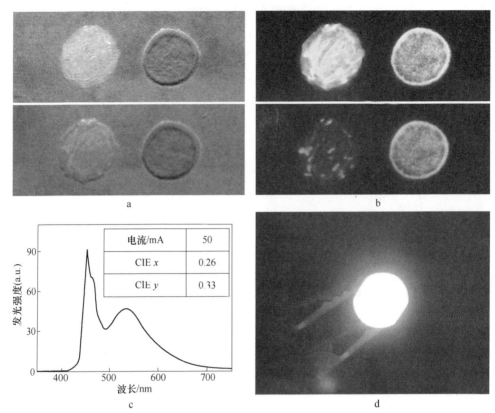

图 5-8　商业荧光染料墨水（左列）和 Starch/g-CDs 荧光粉（质量比为 45：1）
（右列）涂覆于玻璃基底并曝光于 500W 汞氙灯下 0h（上）和 4h（下）在室光（a）
和紫外光下（b）的光学照片，基于 Starch/g-CDs 荧光粉（质量比为 45：1）的
发光二极管的发光光谱（c）和实物照片（d）

（优化电流值：50mA）

　　我们选用商业化的 450nm 发射的 GaN 发光二极管作为承载芯片。图 5-9 给出了不同 g-CDs 组分的荧光粉在 450nm 激发下的发光量子效率，在 450nm 激发下荧光粉依然表现出很高的发光量子效率。然后，我们将 Starch/g-CDs 荧光粉（质量比为 45：1）分散于甲苯中并滴涂到 450nm 发射的 GaN 发光二极管上，自然干燥后经透明的环氧树脂硅胶封装，制备得到基于 Starch/g-CDs 荧光粉的发光二极管。该发光二极管在经优化得到的 50mA 电流下（2.8V）的发光光谱如图 5-8c 所示，最终我们得到了 CIE 色坐标为（0.26，0.33）的冷白光发射（如图 5-8c 和 d 所示）。

　　同时，我们利用同样的方法制备了基于低 g-CDs 组分的 Starch/g-CDs 荧光粉（质量比为 70：1）的发光二极管，其发光光谱和实物照片如图 5-10 所示。由于该荧光粉中 g-CDs 的组分偏少，对 GaN 芯片的蓝色激发光吸收较弱，因此基于它

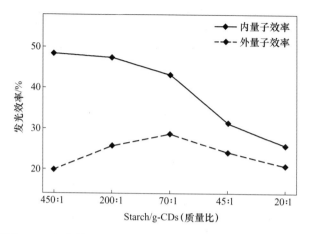

图 5-9 不同 g-CDs 组分的 Starch/g-CDs 荧光粉在 450nm 激发下的发光量子效率

的白光二极管的发光为略带蓝色的冷白光，CIE 色坐标为（0.23，0.27）。以上结果表明，通过改变 Starch/g-CDs 荧光粉中 g-CDs 组分的含量可以调控基于此类荧光粉的发光二极管的发光颜色成分，并且 Starch/g-CDs 荧光粉有望被应用于实际的照明领域。

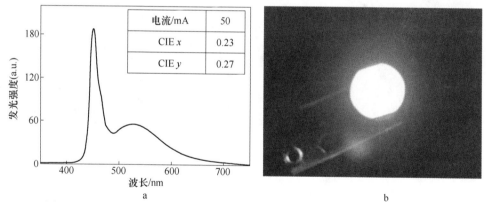

图 5-10 基于低 g-CDs 组分的 Starch/g-CDs 荧光粉（质量比为 70∶1）的发光
二极管的发光光谱（a）和实物照片（b）
（优化电流值：50mA）

5.3.5 Starch/CD 荧光粉发光块体和发光图案的构建

该荧光粉不仅可以用绿光发射的 g-CDs 制备，还可以选用其他类型的碳纳米点作为发光材料制备。为此，我们根据以往的方法制备了蓝光发射的碳纳米点（b-CDs）[95]，并用与制备 Starch/g-CDs 荧光粉相同的方法制备了蓝光发射的 Starch/b-CDs 荧光粉，表明该方法是一种制备碳纳米点荧光粉的普适方法。图

5-11a 所示为绿光和蓝光发射的 Starch/CD 荧光粉在室光和紫外光下的光学照片，可以看出通过该普适方法制备的 Starch/CD 荧光粉在紫外光激发下具有很强的发光。另外，该类型碳纳米点荧光粉在构建各种结构发光图案方面也具有很大的潜力。将 Starch/CD 荧光粉分散于透明的环氧树脂硅胶基质中，经自然凝固构建出基于此类荧光粉的具有特殊形状的发光块体，如图 5-11b 所示，在紫外光激发下可以发出很强的蓝光和绿光。Starch/CD 荧光粉还可以非常简单地以特定的形状黏附于透明胶带上，如图 5-11c 所示。从图中可以看出，由 Starch/b-CDs 荧光粉构建的菱形图案和 Starch/g-CDs 荧光粉构建的箭头形图案在紫外光激发下分别表现出很强的蓝光和绿光发射。另外，g-CDs 和 b-CDs 都不能分散于有机极性溶剂中，并且将它们沉积于玻璃基底上后会由于聚集产生严重的固态发光猝灭。但是 Starch/CD 荧光粉却能够很好地悬浮于氯仿中，并表现出很强的发光，将 Starch/CD 荧光粉悬浮液滴涂到玻璃基底上，待氯仿挥发后，该荧光粉依然表现出很强的发光，表明 Starch/CD 荧光粉可以成为很好的荧光涂料，如图 5-11d 所示。以上结果证明，Starch/CD 荧光粉在构建发光图案方面具有很大的应用潜力。

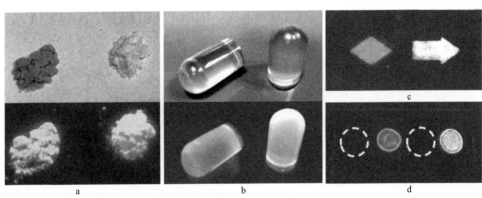

图 5-11 Starch/g-CDs（左）和 Starch/b-CDs（右）荧光粉（a）以及将 Starch/b-CDs（左）和 Starch/g-CDs（右）荧光粉分散于环氧硅胶树脂中制备的发光块体（b）在室光（上）和紫外光（下）下的光学照片，将 Starch/b-CDs（左）和 Starch/g-CDs（右）荧光粉以特定的形状黏附于透明胶带上制备的发光图案在紫外光下的光学照片（c），玻璃基底上 Starch/b-CDs（左）和 Starch/g-CDs（右）荧光粉氯仿悬浮液荧光涂料干燥后在紫外光下的光学照片（d），虚线圈内从左至右分别为 b-CDs 和 g-CDs 水溶液干燥后的区域

5.4 本章小结

我们提出了一种通过将碳纳米点分散于淀粉颗粒表面制备高发光量子效率的碳纳米点荧光粉的普适方法。淀粉颗粒表面含有大量的羟基，可以通过与碳纳米点表面的羧基和氨基形成氢键，使得碳纳米点能够很好地分散于淀粉颗粒表面。

发光动力学结果表明，碳纳米点在淀粉颗粒表面有效地分散能够抑制碳纳米点的无辐射复合过程和聚集引起的固态发光猝灭，使碳纳米点的无辐射复合速率由固体聚集态时的 $3.7 \times 10^8 \, s^{-1}$ 降为 $0.43 \times 10^8 \, s^{-1}$，辐射复合速率由 $0 \times 10^7 \, s^{-1}$ 增加到 $4.25 \times 10^7 \, s^{-1}$。同时，淀粉作为分散基质既不与碳纳米点竞争吸收激发光，也不吸收来自碳纳米点的发光，获得了碳纳米点高效的固态发光。最终，制备出发光量子效率高达 50% 的 Starch/CD 荧光粉，并且该荧光粉在温度传感、发光二极管以及发光图案构建等领域均具有很大的应用潜力。所制备的碳纳米点荧光粉发光二极管在经优化的 50mA 电流下表现出 CIE 色坐标为（0.26，0.33）的冷白光发射。该部分研究工作能够推动碳纳米点在固态发光相关领域的实际应用。

6 碳纳米点/TiO$_2$ 复合物在可见光下碳纳米点覆盖度依赖的光催化性能

6.1 引言

近些年，由于日益严峻的环境和能源问题，有关太阳能转换领域的研究引起了世界各国的广泛关注[200~202]。半导体 TiO$_2$ 由于具有很多优良的特性，包括较低的材料成本、好的稳定性及环境友好性，在光催化领域的应用进程取得了快速推进[203~205]。然而，由于 TiO$_2$ 拥有接近 3.2eV 的宽能量带隙，使其只能对太阳光中的紫外光部分响应（占全太阳光谱能量的比例低于 5%)[206]，严重地阻碍了 TiO$_2$ 在光催化领域的实用化进程[203~205,207]。因此，将 TiO$_2$ 的光谱响应范围拓展至可见光区对于提高 TiO$_2$ 的光催化性能以及推进其实用化进程至关重要。近几年，人们做了大量的研究工作想要改善 TiO$_2$ 的光催化性能。其中，最值得一提的是利用窄带隙的半导体量子点或有机染料分子对宽带隙的 TiO$_2$ 纳米粒子进行敏化，从而改善其光谱响应，进而提高其光催化活性[32,147,161,208]。但是，目前的研究所基于的高性能半导体量子点大多包含有毒的重金属元素（如 Cd 和 Pb)，而有机染料分子的光稳定性又很难满足实际应用的要求。因此，在利用窄带隙的光敏材料来改善 TiO$_2$ 的光催化性能方面还有很多工作要做[81,86]。

碳纳米材料，包括碳纳米管，富勒烯，石墨烯，碳纳米点等，由于具有很多优良的性质，有望取代半导体量子点和有机染料分子应用于生物医学、光电子科学、光伏器件和光催化领域[79,86,136,209~211]。其中，碳纳米点（CD）因具有低毒性、良好的生物相容性、良好的稳定性和水溶性，引起了科研人员的广泛关注[84,108,128,212,213]。另外，碳纳米点表面含有大量的羧基和羟基基团，而 TiO$_2$ 纳米粒子表面包含很多羟基基团，碳纳米点能够很容易地敏化到 TiO$_2$ 表面[92~94,214]。近些年，科研人员在有关碳纳米点/TiO$_2$ 复合物光催化应用领域做了大量的研究工作，取得了很多高水平的成果。研究发现，在可见光照射下，碳纳米点/TiO$_2$ 复合物的光催化性能与纯 TiO$_2$ 相比，得到了显著提高[92~95,97,98,113,114,214]。例如，2014 年，Yu 等人利用一种简单的水热合成方法制备得到了碳纳米点/TiO$_2$ 复合物，并发现由于碳纳米点的敏化使得该碳纳米点/TiO$_2$ 复合物在可见光下的光催化产氢速率相比纯 TiO$_2$ 得到了明显提高[94]。另外，Ming 等人通过一种简易的水热合成方法将碳纳米点与 TiO$_2$

整合在一起，设计出一种新型的基于碳纳米点/TiO$_2$复合结构的光催化剂，实验结果表明该复合结构催化剂在可见光照射下表现出优良的光催化性能[114]。

众所周知，位于 TiO$_2$ 表面的活性位点只有在暴露的情况下，其才能表现出较好的光催化活性[97]。另外，通过将碳纳米点敏化到 TiO$_2$ 表面能够拓宽 TiO$_2$ 的可见光谱响应区间，增强界面电荷分离过程，进而提高碳纳米点/TiO$_2$复合物的光催化性能[95,97,214,215]。然而，在 TiO$_2$ 表面进行碳纳米点的敏化过程中，碳纳米点不可避免的会占据决定 TiO$_2$ 光催化性能优劣的表面活性位点[97]。因此，合理的调控碳纳米点在 TiO$_2$ 表面的覆盖度，平衡其对可见光的利用与活性位点的暴露数量，将会对碳纳米点/TiO$_2$复合物的光催化活性产生较大的影响，也是目前在设计碳纳米点/TiO$_2$复合结构光催化剂时需要迫切关注的问题。

在本项工作中，我们通过微波法制备了具有可见区光谱吸收（400～600nm）的碳纳米点，并且通过简易的方法设计出具有不同碳纳米点覆盖度的碳纳米点/TiO$_2$复合物。研究发现，通过碳纳米点的敏化，所得碳纳米点/TiO$_2$复合物的光谱响应与纯 TiO$_2$ 相比得到了明显拓宽。然后，在可见光照射下，我们通过光降解有机染料分子罗丹明 B（RhB）的实验评估了该复合物的光催化性能。在此过程中，实验结果的可重复性非常好。且实验结果表明该碳纳米点/TiO$_2$复合物具有明显的碳纳米点覆盖度依赖的光催化活性。然后，我们利用时间分辨发光光谱研究了导致上述结果的可能机制。

6.2 实验部分

6.2.1 碳纳米点的制备

实验中所使用的碳纳米点通过微波法制备得到[128,133]。具体为：称取 4g 尿素和 2g 柠檬酸置于烧杯内，加入适量的去离子水（约 15mL）并搅拌溶解至透明溶液。然后，将上述装有透明溶液的烧杯放入微波炉（750W）内微波加热10min 左右。在加热的过程中，可以清晰地看到反应物逐渐地由透明溶液变为黑棕色固体。随后，将上述黑棕色碳纳米点固体粉末分散于适量的去离子水中，高速离心（10000r/min）纯化 5 次以去除聚集的碳纳米点。

6.2.2 具有不同碳纳米点覆盖度的碳纳米点/TiO$_2$复合物的制备

该实验部分主要是通过调节碳纳米点与 P25 TiO$_2$ 纳米粒子的混合质量比从1：10，1：50，1：200，1：500 到 1：1000 制备得到具有不同碳纳米点覆盖度的碳纳米点/TiO$_2$复合物。具体如下：分别取 2mL、0.4mL、0.1mL、0.04mL 和0.02mL 的碳纳米点水溶液（浓度：5mg/mL）直接分散于 20mL 的 TiO$_2$ 水溶液

（浓度：5mg/mL）中。将上述混合溶液在室温下磁力搅拌 24h 完成碳纳米点在 TiO₂ 表面的吸附过程。通过调节碳纳米点的加入量可以控制碳纳米点在 TiO₂ 表面的覆盖度。然后，将上述反应产物溶解于适量的去离子水中，中速离心（4000r/min）纯化多次，直至上清溶液中无荧光出现为止，以去除未吸附到 TiO₂ 纳米粒子表面的碳纳米点。最后，将反应制得的碳纳米点/TiO₂ 复合物系列样品置于真空干燥烘箱内 80℃下保存。

6.2.3　光催化实验

我们通过在可见光下测试上述具有不同碳纳米点覆盖度的碳纳米点/TiO₂ 复合物对有机染料分子 RhB 的光降解速率来评估其光催化活性。具体如下：制备浓度均为 5mg/mL 的碳纳米点、P25 TiO₂ 和碳纳米点/TiO₂ 复合物催化剂水溶液。然后，分别取上述催化剂样品溶液 0.1mL，与 0.1mL RhB 有机染料分子水溶液（100ppm）以及 2.8mL 去离子水混合溶于一 1cm×1cm 的石英比色皿内。随后，将上述得到的混合溶液置于暗室内并持续搅拌 2h 以实现催化剂和 RhB 有机染料分子间的吸附/去吸附平衡。完成吸附/去吸附平衡之后，将所得混合溶液样品置于太阳光模拟器下（Zolix SS150，配备 420nm 截止滤光片）进行可见光照射，在此过程中保持磁力搅拌。RhB 有机染料分子的吸收光谱通过 USB4000-UV-VIS 光谱仪的吸收模式原位测量，所用参考光来自 Ocean Optics HL-2000 光源，将 510nm 的截止滤光片装于此光源上以防止参考光对碳纳米点的激发。参考光通过 Ocean Optics QP8-2-SMA-BX 型光纤引入，Ocean Optics QP1000-2-SR 型光纤引出。

6.2.4　样品的表征

碳纳米点水溶液的吸收光谱利用 UV-3101PC UV-Vis-NIR 型扫描光度计（Shimadzu）测量。利用 Hitachi F-7000 光谱仪，通过将碳纳米点和碳纳米点/TiO₂ 复合物水溶液置于一 10mm×1mm 的石英比色皿中完成其发光光谱测量。所有碳纳米点/TiO₂ 复合物粉末的漫反射光谱也是用配有积分球的 Hitachi F-7000 光谱仪测量所得（监测波长范围：200~700nm），BaSO₄ 粉末为参比。通过 TECNAI G2 透射电子显微镜（TEM）（Philips）表征了碳纳米点/TiO₂ 复合物的形貌结构。样品的时间分辨发光光谱由 LifeSpec-Ⅱ光谱仪（Edinburgh Instruments）表征，激发光源为 405nm 发射的皮秒脉冲激光二极管（脉冲宽度：74.5ps），其探测器为具有 440ps 仪器响应函数的 Hamamatsu H5773-04 型光电倍增管（响应时间：250ps）。对 RhB 有机染料分子特征吸收峰的实时监测则通过 USB4000-UV-VIS 光谱仪的吸收模式原位测量，所用参考光来自 Ocean Optics HL-2000 光源，将 510nm 的截止滤光片装于此光源上以防止参考光对碳纳米点的激发。光催化实验中，溶液表面的光照强度利用配有 3A 激光探头的 Ophir LaserStar 激光功率计测得。所有的测试均在室温下进行。

6.3 结果与讨论

6.3.1 碳纳米点/TiO_2复合物的制备及形貌分析

实验中所使用碳纳米点以2g柠檬酸和4g尿素作为初始反应原料，以过去已报道的微波法制备[128,133]。如图6-1a所示，该碳纳米点在400~600nm可见光区具有一明显的吸收带，表明该碳纳米点可以成为很好的感光材料。将碳纳米点与TiO_2紧密地整合在一起构建其复合结构对于增强可见光下TiO_2的光敏感性以及优化碳纳米点与TiO_2间的电荷分离过程至关重要[95,97,214]。在本项工作中，碳纳米点/TiO_2复合结构催化剂通过将碳纳米点和TiO_2纳米粒子粉末在去离子水中持续搅拌、反应24h制得。然后，将上述反应产物分散于适量的去离子水中，离心纯化若干次以除掉没有吸附在TiO_2纳米粒子表面的碳纳米点，并放于真空干燥烘箱内80℃下保存。碳纳米点在TiO_2表面的覆盖度通过逐渐地改变碳纳米点与TiO_2纳米粒子粉末的初始混合质量比（质量比为1∶10，1∶50，1∶200，1∶500，1∶1000）进行控制。

然后，我们测量了上述碳纳米点/TiO_2复合物粉末以及TiO_2纳米粒子粉末的漫反射光谱，并以$BaSO_4$粉末为参比样品，转换得到它们的吸收光谱，如图6-1a所示。从该图中可以看到，纯TiO_2在可见光区（$\lambda > 400nm$）几乎没有光吸收能力。然而，经碳纳米点敏化之后，其吸收谱带可以拓展到可见光区范围（400~600nm）。而且，随着碳纳米点组分含量的增加，所得碳纳米点/TiO_2复合物在可见光区的吸收谱带逐渐拓展，表明碳纳米点在TiO_2纳米粒子表面的覆盖度慢慢变大。为了更直观地观测上述碳纳米点/TiO_2复合物的微观结构，我们表征了其高

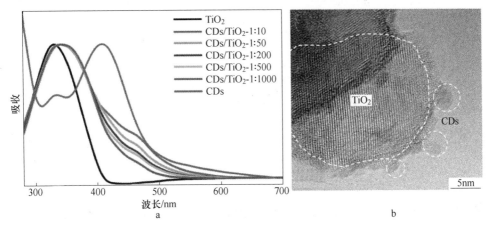

图6-1 碳纳米点、TiO_2和具有不同碳纳米点覆盖度的碳纳米点/TiO_2复合物归一化的吸收光谱（a）和碳纳米点/TiO_2复合物的高分辨TEM照片（b）

分辨的 TEM 照片，如图 6-1b 所示。从该复合物的高分辨 TEM 照片可以看出，碳纳米点确实被成功地整合到了 TiO₂ 纳米粒子表面。

6.3.2　碳纳米点/TiO₂复合物光催化活性研究

上述具有不同碳纳米点覆盖度的碳纳米点/TiO₂复合物的光催化活性是通过在可见光下（$\lambda > 420nm$）测试其对有机染料分子 RhB 的光降解速率进行评估。在光降解过程中，人们普遍认为碳纳米点/TiO₂复合物内的可见光生电子和空穴分离之后，分别被水中的 O₂分子和 OH⁻基团抽取、反应，产生活性氧基团 O₂·和·OH 基团，进而降解 RhB 有机染料分子[95,113,114,214,215]。图 6-2 所示为分别加入 TiO₂和碳纳米点/TiO₂复合物等不同光催化剂的 RhB 有机染料分子水溶液在可见光下照射不同时间后的吸收光谱。从图 6-2c 可以看出，当将碳纳米点/TiO₂复合物加入到 RhB 有机染料分子水溶液后，在可见光照射下，RhB 有机染料分子在554nm 处的特征吸收峰值强度迅速降低，并伴随明显的蓝移。其中，RhB 有机染料分子在554nm 处的特征吸收峰值的降低归因于在碳纳米点/TiO₂复

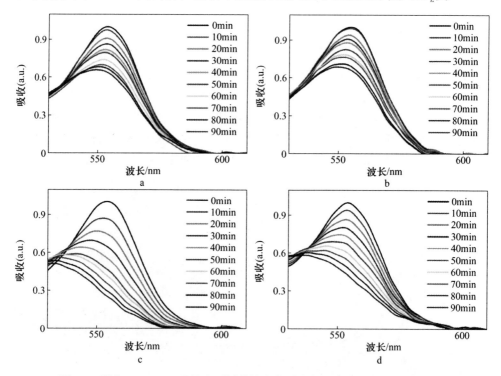

图 6-2　混有 TiO₂ (a) 和具有不同碳纳米点覆盖度的碳纳米点/TiO₂复合物（质量比为 1：50 (b)，1：500 (c)，1：1000 (d)）的 RhB 有机染料分子水溶液在可见光照射不同时间后的吸收光谱

合物的催化作用下其共轭环形结构发色团的分裂，这也是光降解中的主要作用过程[189,190]。另外，特征吸收峰位的蓝移可能是由光降解过程中 RhB 有机染料分子的脱乙基化导致的[189,190]。

图 6-3a 所示为混有不同催化剂的 RhB 有机染料分子水溶液在可见光照射一定时间后的特征吸收峰值强度（I）与照射之前的峰值强度（I_0）的比值（I/I_0）。图 6-3b 所示为不同催化剂作用下 RhB 有机染料分子的光降解动力学过程，即 $\ln(I_0/I)$[95,214]。

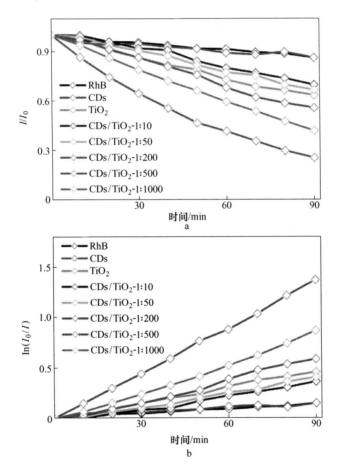

图 6-3 碳纳米点、TiO_2 和具有不同碳纳米点覆盖度的碳纳米点/TiO_2复合物在可见光

（$\lambda>420nm$）照射下的光催化性能

（光照面积为 $1cm^2$，光照强度为 $72.5mW/cm^2$）

从图 6-3a 可以看出，RhB 有机染料分子在可见光照射 90min 后产生了大约 14% 的自降解。而碳纳米点对 RhB 有机染料分子的降解速率与 RhB 有机染料分子的自降解速率相近，表明碳纳米点在可见光下对 RhB 有机染料分子几乎没有

降解作用。另外，可以发现当 TiO₂ 纳米粒子加入之后，RhB 有机染料分子的光降解速率大约为 35%。然而，碳纳米点/TiO₂ 复合物（质量比为 1∶500）对 RhB 有机染料分子的光降解速率要明显地快于 TiO₂ 与碳纳米点，如图 6-3a 和图 6-3b 所示，表明碳纳米点/TiO₂ 复合物优异的光催化性能源于碳纳米点对 TiO₂ 的敏化作用。可以看到，大多数的 RhB 有机染料分子（75%）在可见光下照射 90min 后都能够被碳纳米点/TiO₂ 复合物（质量比为 1∶500）降解。再者，从图 6-3a 和图 6-3b 可以看出，该碳纳米点/TiO₂ 复合物表现出明显的碳纳米点覆盖度依赖的光催化活性。随着碳纳米点在 TiO₂ 表面覆盖度的降低，碳纳米点/TiO₂ 复合物对 RhB 有机染料分子的光降解速率由 30% 增加到 75%，然后又降为 58%。由此可见，太低或太高的碳纳米点覆盖度都不利于使碳纳米点/TiO₂ 复合物获得较高的光催化活性。

6.3.3　碳纳米点到 TiO₂ 的电子转移动力学过程分析

碳纳米点/TiO₂ 复合物内可见光诱导的电荷分离被认为是导致其光催化性能优于纯 TiO₂ 的重要过程。其原因为该电荷分离过程是生成能够分解有机染料分子的具有强氧化性的 O_2·和·OH 基团的关键步骤[94,95,97,98,214,215]。而在可见光照射下从碳纳米点到 TiO₂ 的电子转移动力学过程是实现碳纳米点/TiO₂ 复合物内电荷分离的重要光物理过程[171,214]。因此，为了更清晰地理解碳纳米点覆盖度对碳纳米点/TiO₂ 复合物光催化活性的影响，很有必要研究从碳纳米点到 TiO₂ 的光诱导电子转移动力学过程。

图 6-4a 所示为碳纳米点和碳纳米点/TiO₂ 复合物水溶液的发光光谱（碳纳米点浓度均相同）。从图中可以看出，当碳纳米点覆盖度相对较低时（质量比为 1∶500），碳纳米点的稳态发光被 TiO₂ 严重猝灭，预示着发生从碳纳米点到 TiO₂ 的电子转移过程的可能性。为了更透彻地理解该碳纳米点/TiO₂ 复合物碳纳米点覆盖度依赖的光催化性能，我们表征了上述具有不同碳纳米点覆盖度的碳纳米点/TiO₂ 复合物在水溶液中的时间分辨发光光谱（激发波长：405nm），并将所得光谱列于图 6-4b。如图 6-4b 所示，当将碳纳米点吸附到 TiO₂ 纳米粒子表面之后，碳纳米点的荧光衰减明显变快，说明发生了从碳纳米点到 TiO₂ 的光诱导电子转移过程[95,163,214]。值得注意的是，碳纳米点在 TiO₂ 表面的覆盖度对碳纳米点的荧光衰减过程具有显著影响，如图 6-4b 所示。并且，随着碳纳米点在 TiO₂ 表面覆盖度的增加，碳纳米点的荧光衰减逐渐变慢，表明它们之间的电子转移过程受到了抑制。

为了量化上述结果，拟利用以下公式计算从碳纳米点到 TiO₂ 的电子转移速率

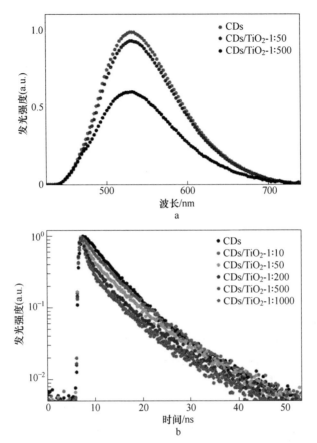

图 6-4 碳纳米点和碳纳米点/TiO$_2$复合物（混合质量比为 1：50 和 1：500）在水溶液中的
发光光谱（测试样品通过将碳纳米点和 TiO$_2$混合溶于去离子水中搅拌 24h 制得，所有样品
中碳纳米点浓度保持一致，均为 10mg/mL，并将样品置于 10mm×1mm 石英比色皿中进行发光
光谱测量），激发波长：405nm（a），碳纳米点和具有不同碳纳米点覆盖度的碳纳米点/TiO$_2$
复合物水溶液的时间分辨发光光谱，激发波长：405nm，监测波长：530nm（b）

k_{ET}和效率 η_{ET}[163,168,171,214]：

$$k_{ET} = \frac{1}{\tau_{ave}(\text{CD-TiO}_2)} - \frac{1}{\tau_{ave}(\text{CD})} \qquad (6\text{-}1)$$

$$\eta_{ET} = 1 - \frac{\tau_{ave}(\text{CD-TiO}_2)}{\tau_{ave}(\text{CD})} \qquad (6\text{-}2)$$

式中，$\tau_{ave}(\text{CD})$ 和 $\tau_{ave}(\text{CD-TiO}_2)$ 分别是碳纳米点和碳纳米点/TiO$_2$复合物在去离
子中的平均荧光寿命。将碳纳米点和碳纳米点/TiO$_2$复合物在去离子水中的时间
分辨发光光谱采用双指数或三指数拟合得到样品的平均荧光寿命，并利用上述公
式计算得到电子转移速率与效率，列于表 6-1 中。如表 6-1 所示，当碳纳米点在

TiO$_2$表面的覆盖度较高时（质量比为 1∶10），从碳纳米点到 TiO$_2$ 的电子转移过程几乎被完全抑制。但是，当碳纳米点覆盖度相对较低时（质量比为 1∶1000），在水溶液中从碳纳米点到 TiO$_2$ 的电子转移速率和效率分别增加到了 2.55×10^7 s^{-1} 和 14.39%。对以上电子转移动力学行为的理解，将有助于我们解释上述碳纳米点/TiO$_2$复合物碳纳米点覆盖度依赖的光催化活性。

表 6-1　碳纳米点和碳纳米点/TiO$_2$复合物水溶液的时间分辨发光光谱的拟合参数以及计算得到的碳纳米点到 TiO$_2$ 的电子转移速率与效率

样品	τ_1/ns	a_1/%	τ_2/ns	a_2/%	τ_3/ns	a_3/%	τ_{ave}/ns	k_{ET}/s^{-1}	η_{ET}/%
碳纳米点水溶液	5.01	70.54	10.42	29.46			6.60		
碳纳米点/TiO$_2$-1∶10	0.95	4.64	4.69	55.81	9.94	39.55	6.59	0.02×10^7	0.15
碳纳米点/TiO$_2$-1∶50	0.76	11.24	4.52	44.78	10.06	43.98	6.53	0.16×10^7	1.06
碳纳米点/TiO$_2$-1∶200	0.72	15.76	4.05	41.93	10.28	42.31	6.16	1.08×10^7	6.67
碳纳米点/TiO$_2$-1∶500	0.82	24.38	4.66	38.85	10.56	36.77	5.89	1.83×10^7	10.76
碳纳米点/TiO$_2$-1∶1000	0.81	22.57	4.57	42.32	10.05	35.11	5.65	2.55×10^7	14.39

注：平均荧光寿命利用公式 $\tau_{ave} = \sum_{i=1}^{n} a_i \tau_i$ 计算得到[187,188]，a_1、a_2 和 a_3 为各荧光寿命值的比例系数，τ_1、τ_2 和 τ_3 为荧光寿命。

在碳纳米点/TiO$_2$复合物内，从碳纳米点转移到 TiO$_2$ 导带上的光生电子有三个可能的消散方式，分别为被水中氧气分子抽取，被 TiO$_2$ 内的缺陷态俘获以及从 TiO$_2$ 导带到碳纳米点的电子再复合过程[95,214]，如图 6-5 所示。当碳纳米点被可见光激发后，电子-空穴对产生。在碳纳米点覆盖度较低的碳纳米点/TiO$_2$复合物内，碳纳米点中的光生电子能够注入到 TiO$_2$ 的导带，进而被水中的氧气分子抽取，导致碳纳米点的发光严重猝灭。然而，在碳纳米点覆盖度较高的碳纳米点/TiO$_2$复合物中，TiO$_2$ 纳米粒子表面的大部分活性位点被敏化的碳纳米点占据[94,97]，使得水中氧气分子的电子抽取过程被严重抑制，进而阻碍了从碳纳米点到 TiO$_2$ 的电子转移过程。这可能是导致具有较高碳纳米点覆盖度的碳纳米点/TiO$_2$复合物光催化性能不理想的主要原因。另外，具有较高碳纳米点覆盖度的碳纳米点/TiO$_2$复合物（质量比为 1∶50）表现出很轻微的稳态发光猝灭也符合上述分析结果，如图 6-4a 所示。综上所述，当 TiO$_2$ 纳米粒子表面的碳纳米点覆盖度较低时，TiO$_2$ 表面大量的活性位点暴露出来，水中氧气分子能够有效地抽取转移到 TiO$_2$ 导带上的光生电子，生成可以分解有机染料分子的 O$_2^-$· 基团，且从碳纳米点到 TiO$_2$ 的光诱导电子转移过程是可行的。尽管如此，该具有较低碳纳米点覆盖度的碳纳米点/TiO$_2$复合物对可见光弱的吸收能力必然会限制其光催化活性。再者，太高的碳纳米点覆盖度会占据 TiO$_2$ 表面大部分的活性位点，阻碍从碳纳米点注入到 TiO$_2$ 上的导带电子被水中氧气分子抽取的过程与从碳纳米点到 TiO$_2$ 的光诱导电子转移过程，进而降低了该碳纳米点/TiO$_2$复合物的光催化活性。

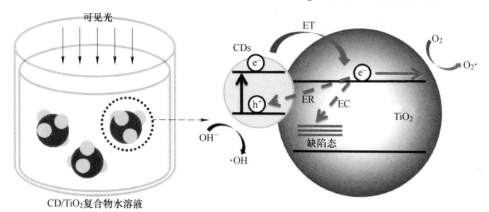

图 6-5　在可见光照射下，水溶液中碳纳米点/TiO$_2$复合物内的电子转移过程（*ET*）和
从碳纳米点注入到 TiO$_2$ 导带上的光生电子可能的消散方式
（水中氧气分子对光生电子的抽取过程，从 TiO$_2$ 到碳纳米点的电子再
复合过程（ER）以及 TiO$_2$ 中的缺陷态对电子的俘获过程（EC））

另外值得一提的是，从上述实验结果可以推断出，作为光催化过程中的重要步骤即水中氧气分子对光生电子的抽取过程与其他两个电子消散渠道，即从 TiO$_2$ 到碳纳米点的电子再复合过程和 TiO$_2$ 内的缺陷态对电子的俘获过程相比是非常高效的。因为，高效的来自 TiO$_2$ 缺陷态的电子俘获和从 TiO$_2$ 到碳纳米点的电子再复合过程同样能够很快地消耗从碳纳米点注入到 TiO$_2$ 导带上的电子，进而促进电子转移过程的发生，也就不会导致具有较低碳纳米点覆盖度的碳纳米点/TiO$_2$复合物（质量比为 1：1000）的荧光衰减明显快于具有较高碳纳米点覆盖度的碳纳米点/TiO$_2$复合物（质量比为 1：10），如图 6-4b 所示。这也符合之前的稳态发光实验结果，即具有较高碳纳米点覆盖度的碳纳米点/TiO$_2$复合物（质量比为 1：50）的稳态发光猝灭明显弱于具有较低碳纳米点覆盖度的碳纳米点/TiO$_2$复合物（质量比为 1：1000），如图 6-4a 所示。

6.4　本章小结

在本项工作中，我们通过碳纳米点的敏化成功地将 TiO$_2$ 的光响应谱区间拓宽到可见区。所制备的碳纳米点/TiO$_2$复合物在可见光照射下表现出明显的碳纳米点覆盖度依赖的光催化性能，并明显优于纯 TiO$_2$ 光催化剂。发光动力学研究结果表明碳纳米点覆盖度太低时，其复合物对可见光的吸收能力较弱，从而限制了该碳纳米点/TiO$_2$复合物的光催化活性。但是过高的碳纳米点覆盖度又会占据 TiO$_2$ 表面大部分活性位点，阻碍水中氧气分子对从碳纳米点注入到 TiO$_2$ 导带上的光生电子的抽取过程，进而阻碍从碳纳米点到 TiO$_2$ 的电子转移过程，并最终导致此类碳纳米点/TiO$_2$ 复合物的光催化性能不理想。上述结果表明，对碳纳米点覆盖度的合理调控以及对高效电子转移过程的实现是优化碳纳米点/TiO$_2$ 复合物光催化性能的重要方法。我们相信深入地理解上述碳纳米点覆盖度依赖的光催化活性机理有助于进一步地设计出性能优异的基于碳纳米点/TiO$_2$ 复合结构的光催化剂。

参 考 文 献

[1] Hu L B , Hecht D S, Grüner G. Carbon nanotube thin films: Fabrication, properties, and applications [J]. Chem. Rev. , 2010, 110 (10): 5790~5844.

[2] Lohse S E, Murphy C J. Applications of colloidal inorganic nanoparticles: From medicine to energy [J]. J. Am. Chem. Soc. , 2012, 134 (38): 15607~15620.

[3] Pescaglini A, Martín A, Cammi D, et al. Hot-electron injection in Au nanorod-ZnO nanowire hybrid device for near-infrared photodetection [J]. Nano Lett. , 2014, 14 (11): 6202~6209.

[4] Bang J H, Kamat P V. CdSe quantum dot-fullerene hybrid nanocomposite for solar energy conversion: Electron transfer and photoelectrochemistry [J]. ACS Nano, 2011, 5 (12): 9421~9427.

[5] Henglein A. Small-particle research: Physicochemical properties of extremely small colloidal metal and semiconductor particles [J]. Chem. Rev. , 1989, 89 (8): 1861~1873.

[6] Yoffe A D. Low-dimensional systems: Quantum size effects and electronic properties of semiconductor microcrystallites (zero-dimensional systems) and some quasi-two-dimensional systems [J]. Adv. in Phys. , 1993, 42 (2): 173~266.

[7] Yoffe A D. Semiconductor quantum dots and related systems: Electronic, optical, luminescence and related properties of low dimensional systems [J]. Adv. in Phys. , 2001, 50 (1): 1~208.

[8] Wu P, Hou X D, Xu J J, et al. Electrochemically generated versus photoexcited luminescence from semiconductor nanomaterials: Bridging the valley between two worlds [J]. Chem. Rev. , 2014, 114 (21): 11027~11059.

[9] Shirasaki Y, Supran G J, Bawendi M G, et al. Emergence of colloidal quantum-dot light-emitting technologies [J]. Nat. Photonics, 2013, 7 (1): 13~23.

[10] Chaudhuri R G, Paria S. Core/shell nanoparticles: Classes, properties, synthesis mechanisms, characterization, and applications [J]. Chem. Rev. , 2012, 112 (4): 2373~2433.

[11] Hildebrandt N. Biofunctional quantum dots: Controlled conjugation for multiplexed biosensors [J]. ACS Nano, 2011, 5 (7): 5286~5290.

[12] Talapin D V, Lee J, Kovalenko M V, et al. Prospects of colloidal nanocrystals for electronic and optoelectronic applications [J]. Chem. Rev. , 2010, 110 (1): 389~458.

[13] Nann T, Skinner W M. Quantum dots for electro-optic devices [J]. ACS Nano, 2011, 5 (7): 5291~5295.

[14] Chason E, Picraux S T, Poate J M, et al. Ion beams in silicon processing and characterization [J]. J. Appl. Phys. , 1997, 81 (10): 6513~6561.

[15] Colvin V L, Goldstein A N, Alivisatos A P. Semiconductor nanocrystals covalently bound to metal-surfaces with self-assembled monolayers [J]. J. Am. Chem. Soc. , 1992, 114 (13): 5221~5230.

[16] Kortan A R, Hull R, Opila R L, et al. Nucleation and growth of CdSe on ZnS quantum crystallite seeds, and vice versa, in inverse micelle media [J]. J. Am. Chem. Soc. , 1990, 112

（4）: 1327~1332.

[17] Hoener C F, Allan K A, Bard A J, et al. Demonstration of a shell-core structure in layered CdSe-ZnSe small particles by X-ray photoelectron and auger spectroscoples [J]. J. Phys. Chem., 1992, 96 (9): 3812~3817.

[18] Mackenzie J D, Bescher E P. Chemical routes in the synthesis of nanomaterials using the sol-gel process [J]. Acc. Chem. Res., 2007, 40 (9): 810~818.

[19] Murray C B, Norris D J, Bawendi M G. Synthesis and characterization of nearly monodisperse CdE (E = S, Se, Te) semiconductor nanocrystallites [J]. J. Am. Chem. Soc., 1993, 115 (19): 8706~8715.

[20] Lim J, Bae W K, Kwak J, et al. Perspective on synthesis, device structures, and printing processes for quantum dot displays [J]. Opt. Mater. Express, 2012, 2 (5): 594~628.

[21] Peng X G, Wickham J, Alivisatos A P. Kinetics of II-IV and III-V colloidal semiconductor nanocrystal growth: "Focusing" of size distributions [J]. J. Am. Chem. Soc., 1998, 120 (21): 5343~5344.

[22] Peng Z A, Peng X G. Nearly monodisperse and shape-controlled CdSe nanocrystals via alternative routes: Nucleation and growth [J]. J. Am. Chem. Soc., 2002, 124 (13): 3343~3353.

[23] Ji X H, Copenhaver D, Sichmeller C, et al. Ligand bonding and dynamics on colloidal nanocrystals at room temperature: The case of alkylamines on CdSe nanocrystals [J]. J. Am. Chem. Soc., 2008, 130 (17): 5726~5735.

[24] Peng X G. An essay on synthetic chemistry of colloidal nanocrystals [J]. Nano Res., 2009, 2 (6): 425~447.

[25] Nakamura H, Kato W, Uehara M, et al. Tunable photoluminescence wavelength of chalcopyrite $CuInS_2$-based semiconductor nanocrystals synthesized in a colloidal system [J]. Chem. Mater., 2006, 18 (14): 3330~3335.

[26] Li L, Pandey A, Werder D J, et al. Efficient synthesis of highly luminescent copper indium sulfide-based core/shell nanocrystals with surprisingly long-lived emission [J]. J. Am. Chem. Soc., 2011, 133 (5): 1176~1179.

[27] Klimov V I. Mechanisms for photogeneration and recombination of multiexcitons in semiconductor nanocrystals: Implications for lasing and solar energy conversion [J]. J. Phys. Chem. B, 2006, 110 (34): 16827~16845.

[28] Efros A L, Efros A L. Interband absorption of light in a semiconductor sphere [J]. Sov. Phys. Semicond., 1982, 16 (7): 772~775.

[29] Brus L E. A simple model for the ionization potential, electron affinity, and aqueous redox potentials of small semiconductor crystallites [J]. J. Chem. Phys., 1983, 79 (11): 5566~5571.

[30] Kim B H, Hackett M J, Park J, et al. Synthesis, characterization, and application of ultrasmall nanoparticles [J]. Chem. Mater., 2014, 26 (1): 59~71.

[31] 徐叙瑢, 苏勉曾. 发光学与发光材料 [M]. 北京: 化学工业出版社, 2004.

［32］ Kalyanasundaram K, Grätzel M. Themed issue: Nanomaterials for energy conversion and storage ［J］. J. Mater. Chem. , 2012, 22 (46): 24190~24194.

［33］ Nozik A J, Miller J R. Introduction to solar photon conversion ［J］. Chem. Rev. , 2010, 110 (11): 6443~6445.

［34］ Chen G Y, Seo J, Yang C H, et al. Nanochemistry and nanomaterials for photovoltaics ［J］. Chem. Soc. Rev. , 2013, 42 (21): 8304~8338.

［35］ Kamat P V. Meeting the clean energy demand: Nanostructure architectures for solar energy conversion ［J］. J. Phys. Chem. C, 2007, 111 (7): 2834~2860.

［36］ Kamat P V. Quantum dot solar cells: Semiconductor nanocrystals as light harvesters ［J］. J. Phys. Chem. C, 2008, 112 (48): 18737~18753.

［37］ Selinsky R S, Ding Q, Faber M S, et al. Quantum dot nanoscale heterostructures for solar energy conversion ［J］. Chem. Soc. Rev. , 2013, 42 (7): 2963~2985.

［38］ Kim M R, Ma D L. Quantum-dot-based solar cells: Recent advances, strategies, and challenges ［J］. J. Phys. Chem. Lett. , 2015, 6 (1): 85~99.

［39］ Pattantyus-Abraham A G, Kramer I J, Barkhouse A R, et al. Depleted-heterojunction colloidal quantum dot solar cells ［J］. ACS Nano, 2010, 4 (6): 3374~3380.

［40］ Kershaw S V, Susha A S, Rogach A L. Narrow bandgap colloidal metal chalcogenide quantum dots: Synthetic methods, heterostructures, assemblies, electronic and infrared optical properties ［J］. Chem. Soc. Rev. , 2013, 42 (7): 3033~3087.

［41］ Luther J M, Law M, Beard M C, et al. Schottky solar cells based on colloidal nanocrystal films ［J］. Nano Lett. , 2008, 8 (10): 3488~3492.

［42］ Klem E J D, MacNeil D D, Cyr P W, et al. Efficient solution-processed infrared photovoltaic cells: Planarized all-inorganic bulk heterojunction devices via inter-quantum-dot bridging during growth from solution ［J］. Appl. Phys. Lett. , 2007, 90 (18): 183113.

［43］ Fu H Y, Tsang S, Zhang Y G, et al. Impact of the growth conditions of colloidal PbS nanocrystals on photovoltaic device performance ［J］. Chem. Mater. , 2011, 23 (7): 1805~1810.

［44］ Szendrei K, Gomulya W, Yarema M, et al. PbS nanocrystal solar cells with high efficiency and fill factor ［J］. Appl. Phys. Lett. , 2010, 97 (20): 203501.

［45］ Ouyang J Y, Schuurmans C, Zhang Y G, et al. Low-temperature approach to high-yield and reproducible syntheses of high-quality small-sized PbSe colloidal nanocrystals for photovoltaic applications ［J］. ACS Appl. Mater. Interfaces, 2011, 3 (2): 553~565.

［46］ Ma W L, Swisher S L, Ewers T, et al. Photovoltaic performance of ultrasmall PbSe quantum dots ［J］. ACS Nano, 2011, 5 (10): 8140~8147.

［47］ Ma W L, Luther J M, Zheng H M, et al. Photovoltaic devices employing ternary PbS_xSe_{1-x} nanocrystals ［J］. Nano Lett. , 2009, 9 (4): 1699~1703.

［48］ Hod I, Zaban A. Materials and interfaces in quantum dot sensitized solar cells: Challenges, advances and prospects ［J］. Langmuir, 2014, 30 (25): 7264~7273.

［49］ Kamat P V. Quantum dot solar cells: The next big thing in photovoltaics ［J］. J. Phys. Chem.

Lett. , 2013, 4 (6): 908~918.

[50] Rühle S, Shalom M, Zaban A. Quantum-dot-sensitized solar cells [J]. ChemPhysChem, 2010, 11 (11): 2290~2304.

[51] Hodes G, Cahen D. All-solid-state, semiconductor-sensitized nanoporous solar cells [J]. Acc. Chem. Res. , 2012, 45 (5): 705~713.

[52] Chang J A, Rhee J H, Im S H, et al. High-performance nanostructured inorganic-organic heterojunction solar cells [J]. Nano Lett. , 2010, 10 (7): 2609~2612.

[53] Ren S Q, Chang L Y, Lim S, et al. Inorganic-organic hybrid solar cell: Bridging quantum dots to conjugated polymer nanowires [J]. Nano Lett. , 2011, 11 (9): 3998~4002.

[54] Coe-Sullivan S, Stechel J S, Woo W, et al. Large-area ordered quantum-dot monolayers via phase separation during spin-casting [J]. Adv. Func. Mater. , 2005, 15 (7): 1117~1124.

[55] He M, Qiu F, Lin Z Q. Toward high-performance organic-inorganic hybrid solar cells: Bringing conjugated polymers and inorganic nanocrystals in close contact [J]. J. Phys. Chem. Lett. , 2013, 4 (11): 1788~1796.

[56] Li L, Yang X C, Cao J J, et al. Highly efficient CdS quantum dot-sensitized solar cells based on a modified polysulfide electrolyte [J]. J. Am. Chem. Soc. , 2011, 133 (22): 8458~8460.

[57] Lee Y, Lo Y. Highly efficient quantum-dot-sensitized solar cell based on co-sensitization of CdS/CdSe [J]. Adv. Funct. Mater. , 2009, 19 (4): 604~609.

[58] Pan Z X, Zhang H, Cheng K, et al. Highly efficient inverted type-I CdS/CdSe core/shell structure QD-sensitized solar cells [J]. ACS Nano, 2012, 6 (5): 3982~3991.

[59] Santra P K, Kamat P V. Mn-doped quantum dot sensitized solar cells: A strategy to boost efficiency over 5% [J]. J. Am. Chem. Soc. , 2012, 134 (5): 2508~2511.

[60] Pan Z X, Zhao K, Wang J, et al. Near infrared absorption of $CdSe_xTe_{1-x}$ alloyed quantum dot sensitized solar cells with more than 6% efficiency and high stability [J]. ACS Nano, 2013, 7 (6): 5215~5222.

[61] Wang J, Mora-Seró I, Pan Z X, et al. Core/shell colloidal quantum dot exciplex states for the development of highly efficient quantum-dot-sensitized solar cells [J]. J. Am. Chem. Soc. , 2013, 135 (42): 15913~15922.

[62] Xie R G, Kolb U, Li J X, et al. Synthesis and characterization of highly luminescent CdSe-core CdS/$Zn_{0.5}Cd_{0.5}$S/ZnS multishell nanocrystals [J]. J. Am. Chem. Soc. , 2005, 127 (20): 7480~7488.

[63] Zhong H Z, Zhou Y, Ye M F, et al. Controlled synthesis and optical properties of colloidal ternary chalcogenide $CuInS_2$ nanocrystals [J]. Chem. Mater. , 2008, 20 (20): 6434~6443.

[64] Wu X J, Huang X, Qi X Y, et al. Copper-based ternary and quaternary semiconductor nanoplates: Templated synthesis, characterization, and photoelectrochemical properties [J]. Angew. Chem. Int. Ed. , 2014, 53 (34): 8929~8933.

[65] Booth M, Brown A P, Evans S D, et al. Determining the concentration of $CuInS_2$ quantum dots

from the size-dependent molar extinction coefficient [J]. Chem. Mater. , 2012, 24 (11): 2064~2070.

[66] Xie R G, Rutherford M, Peng X G. Formation of High-quality Ⅰ-Ⅲ-Ⅵ semiconductor nano-crystals by tuning relative reactivity of cationic precursors [J]. J. Am. Chem. Soc. , 2009, 131 (15): 5691~5697.

[67] Zhong H Z, Lo S S, Mirkovic T, et al. Noninjection gram-scale synthesis of monodisperse py-ramidal CuInS$_2$ nanocrystals and their size-dependent properties [J]. ACS Nano, 2010, 4 (9): 5253~5262.

[68] Kolny-Olesiak J, Weller H. Synthesis and application of colloidal CuInS$_2$ semiconductor nano-crystals [J]. ACS Appl. Mater. Interfaces, 2013, 5 (23): 12221~12237.

[69] Aldakov D, Lefrançois A, Reiss P. Ternary and quaternary metal chalcogenide nanocrystals: Synthesis, properties and applications [J]. J. Mater. Chem. C, 2013, 1 (24): 3756~3776.

[70] Zhong H Z, Bai Z L, Zou B S. Tuning the luminescence properties of colloidal Ⅰ-Ⅲ-Ⅵ semi-conductor nanocrystals for optoelectronics and biotechnology applications [J]. J. Phys. Chem. Lett. , 2012, 3 (21): 3167~3175.

[71] Kuo K, Liu D, Chen S Y, et al. Core-shell CuInS$_2$/ZnS quantum dots assembled on short ZnO nanowires with enhanced photo-conversion efficiency [J]. J. Mater. Chem. , 2009, 19 (37): 6780~6788.

[72] Xu G P, Ji S L, Miao C H, et al. Effect of ZnS and CdS coating on the photovoltaic properties of CuInS$_2$-sensitized photoelectrodes [J]. J. Mater. Chem. , 2012, 22 (11): 4890~4896.

[73] Hu X, Zhang Q X, Huang X M, et al. Aqueous colloidal CuInS$_2$ for quantum dot sensitized so-lar cells [J]. J. Mater. Chem. , 2011, 21 (40): 15903~15905.

[74] Peng Z Y, Liu Y L, Shu W, et al. Synthesis of various sized CuInS$_2$ quantum dots and their photovoltaic properties as sensitizers for TiO$_2$ photoanodes [J]. Eur. J. Inorg. Chem. , 2012, 2012 (32): 5239~5244.

[75] Li T, Lee Y, Teng H. High-performance quantum dot-sensitized solar cells based on sensitiza-tion with CuInS$_2$ quantum dots/CdS heterostructure [J]. Energy Environ. Sci. , 2012, 5 (1): 5315~5324.

[76] Santra P K, Nair P V, Thomas K G, et al. CuInS$_2$-sensitized quantum dot solar cells. Electro-phoretic deposition, excited-state dynamics, and photovoltaic performance [J]. J. Phys. Chem. Lett. , 2013, 4 (5): 722~729.

[77] Luo J H, Wei H Y, Huang Q L, et al. Highly efficient core-shell CuInS$_2$-Mn doped CdS quan-tum dot sensitized solar cells [J]. Chem. Commun. , 2013, 49 (37): 3881~3883.

[78] Pan Z X, Mora-Seró I, Shen Q, et al. High-efficiency "green" quantum dot solar cells [J]. J. Am. Chem. Soc. , 2014, 136 (25): 9203~9210.

[79] Jariwala D, Sangwan V K, Lauhon L J, et al. Carbon nanomaterials for electronics, optoelec-tronics, photovoltaics, and sensing [J]. Chem. Soc. Rev. , 2013, 42 (7): 2824~2860.

[80] Bartelmess J, Quinn S J, Giordani S. Carbon nanomaterials: Multi-functional agents for bio-

medical fluorescence and Raman imaging [J]. Chem. Soc. Rev. , 2015, DOI: 10. 1039/ C4CS00306C.

[81] Wang Y F, Hu A G. Carbon quantum dots: Synthesis, properties and applications [J]. J. Mater. Chem. C, 2014, 2 (34): 6921~6939.

[82] Cao L, Meziani M J, Sahu S, et al. Photoluminescence properties of graphene versus other carbon nanomaterials [J]. Acc. Chem. Res. , 2013, 46 (1): 171~180.

[83] Baker S N, Baker G A. Luminescent carbon nanodots: Emergent nanolights [J]. Angew. Chem. Int. Ed. , 2010, 49 (38): 6726~6744.

[84] Li H T, Kang Z H, Liu Y, et al. Carbon nanodots: Synthesis, properties and applications [J]. J. Mater. Chem. , 2012, 22 (46): 24230~24253.

[85] Lim S Y, Shen W, Gao Z Q. Carbon quantum dots and their applications [J]. Chem. Soc. Rev. , 2015, 44 (1): 362~381.

[86] Ding C Q, Zhu A W, Tian Y. Functional surface engineering of C-dots for fluorescent biosensing and in vivo bioimaging [J]. Acc. Chem. Res. , 2014, 47 (1): 20~30.

[87] Luo P G, Sahu S, Yang S T, et al. Carbon "quantum" dots for optical bioimaging [J]. J. Mater. Chem. B, 2013, 1 (16): 2116~2127.

[88] Yang S T, Cao L, Luo P G, et al. Carbon dots for optical imaging in vivo [J]. J. Am. Chem. Soc. , 2009, 131 (32): 11308~11309.

[89] Cao L, Wang X, Meziani M J, et al. Carbon dots for multiphoton bioimaging [J]. J. Am. Chem. Soc. , 2007, 129 (37): 11318~11319.

[90] Zheng M, Liu S, Li J, et al. Integrating oxaliplatin with highly luminescent carbon dots: An unprecedented theranostic agent for personalized medicine [J]. Adv. Mater. , 2014, 26 (21): 3554~3560.

[91] Liu R L, Wu D Q, Liu S H, et al. An aqueous route to multicolor photoluminescent carbon dots using silica spheres as carriers [J]. Angew. Chem. Int. Ed. , 2009, 48 (25): 4598~ 4601.

[92] Sun M X, Ma X Q, Chen X, et al. A nanocomposite of carbon quantum dots and TiO_2 nanotube arrays: Enhancing photoelectrochemical and photocatalytic properties [J]. RSC Adv. , 2014, 4 (3): 1120~1127.

[93] Zhang X, Wang F, Huang H, et al. Carbon quantum dot sensitized TiO_2 nanotube arrays for photoelectrochemical hydrogen generation under visible light [J]. Nanoscale, 2013, 5 (6): 2274~2278.

[94] Yu H J, Zhao Y F, Zhou C, et al. Carbon quantum dots/TiO_2 composites for efficient photocatalytic hydrogen evolution [J]. J. Mater. Chem. A, 2014, 2 (10): 3344~3351.

[95] Qu D, Zheng M, Du P, et al. Highly luminescent S, N co-doped graphene quantum dots with broad visible absorption bands for visible light photocatalysts [J]. Nanoscale, 2013, 5 (24): 12272~12277.

[96] Li Y, Zhang B P, Zhao J X, et al. ZnO/carbon quantum dots heterostructure with enhanced

photocatalytic properties [J]. Appl. Surf. Sci. , 2013, 279: 367~373.

[97] Cui G W, Wang W L, Ma M Y, et al. Rational design of carbon and TiO_2 assembly materials: Covered or strewn, which is better for photocatalysis? [J]. Chem. Commun. , 2013, 49 (57): 6415~6417.

[98] Kochuveedu S T, Jang Y J, Jang Y H, et al. Visible-light active nanohybrid $TiO_2/carbon$ photocatalysts with programmed morphology by direct carbonization of block copolymer templates [J]. Green Chem. , 2011, 13 (12): 3397~3405.

[99] Choi H, Ko S, Choi Y, et al. Versatile surface plasmon resonance of carbon-dot-supported silver nanoparticles in polymer optoelectronic devices [J]. Nat. Photonics, 2013, 7 (9): 732~738.

[100] Zhang X Y, Zhang Y, Wang Y, et al. Color-switchable electroluminescence of carbon dot light-emitting diodes [J]. ACS Nano, 2013, 7 (12): 11234~11241.

[101] Wang F, Chen Y H, Liu C Y, et al. White light-emitting devices based on carbon dots' electroluminescence [J]. Chem. Commun. , 2011, 47 (12): 3502~3504.

[102] Kwon W, Lee G, Do S, et al. Size-controlled soft-template synthesis of carbon nanodots toward versatile photoactive materials [J]. Small, 2014, 10 (3): 506~513.

[103] Guo X, Wang C F, Yu Z Y, et al. Facile access to versatile fluorescent carbon dots toward light-emitting diodes [J]. Chem. Commun. , 2012, 48 (21): 2692~2694.

[104] Kwon W, Do S, Lee J, et al. Freestanding luminescent films of nitrogen-rich carbon nanodots toward large-scale phosphor-based white-light-emitting devices [J]. Chem. Mater. , 2013, 25 (9): 1893~1899.

[105] Mirtchev P, Henderson E J, Soheilnia N, et al. Solution phase synthesis of carbon quantum dots as sensitizers for nanocrystalline TiO_2 solar cells [J]. J. Mater. Chem. , 2012, 22 (4): 1265~1269.

[106] Bian J C, Huang C, Wang L Y, et al. Carbon dot loading and TiO_2 nanorod length dependence of photoelectrochemical properties in carbon dot/TiO_2 nanorod array nanocomposites [J]. ACS Appl. Mater. Interfaces, 2014, 6 (7): 4883~4890.

[107] Xu X Y, Ray R, Gu Y L, et al. Electrophoretic analysis and purification of fluorescent single-walled carbon nanotube fragments [J]. J. Am. Chem. Soc. , 2004, 126 (40): 12736~12737.

[108] Sun Y P, Zhou B, Lin Y, et al. Quantum-sized carbon dots for bright and colorful photoluminescence [J]. J. Am. Chem. Soc. , 2006, 128 (24): 7756~7757.

[109] Hu S L, Niu K Y, Sun J, et al. One-step synthesis of fluorescent carbon nanoparticles by laser irradiation [J]. J. Mater. Chem. , 2009, 19 (4): 484~488.

[110] Zhou J G, Booker C, Li R Y, et al. An electrochemical avenue to blue luminescent nanocrystals from multiwalled carbon nanotubes (MWCNTs) [J]. J. Am. Chem. Soc. , 2007, 129 (4): 744~745.

[111] Zhao Q L, Zhang Z L, Huang B H, et al. Facile preparation of low cytotoxicity fluorescent

carbon nanocrystals by electrooxidation of graphite [J]. Chem. Commun., 2008: 5116 ~ 5118.

[112] Zheng L Y, Chi Y W, Dong Y Q, et al. Electrochemiluminescence of water-soluble carbon nanocrystals released electrochemically from graphite [J]. J. Am. Chem. Soc., 2009, 131 (13): 4564 ~ 4565.

[113] Li H T, He X D, Kang Z H, et al. Water-soluble fluorescent carbon quantum dots and photo catalyst design [J]. Angew. Chem. Int. Ed., 2010, 49 (26): 4430 ~ 4434.

[114] Ming H, Ma Z, Liu Y, et al. Large scale electrochemical synthesis of high quality carbon nanodots and their photocatalytic property [J]. Dalton Trans., 2012, 41 (31): 9526 ~ 9531.

[115] Liu H P, Ye T, Mao C D. Fluorescent carbon nanoparticles derived from candle soot [J]. Angew. Chem. Int. Ed., 2007, 46 (34): 6473 ~ 6475.

[116] Ray S C, Saha A, Jana N R, et al. Fluorescent carbon nanoparticles: Synthesis, characterization, and bioimaging application [J]. J. Phys. Chem. C, 2009, 113 (43): 18546 ~ 18551.

[117] Tian L, Ghosh D, Chen W, et al. Nanosized carbon particles from natural gas soot [J]. Chem. Mater., 2009, 21 (13): 2803 ~ 2809.

[118] Peng J, Gao W, Gupta B K, et al. Graphene quantum dots derived from carbon fibers [J]. Nano Lett., 2012, 12 (2): 844 ~ 849.

[119] Bhunia S K, Saha A, Maity A R, et al. Carbon nanoparticle-based fluorescent bioimaging probes [J]. Sci. Rep., 2013, 3: 1473.

[120] Qiao Z A, Wang Y F, Gao Y, et al. Commercially activated carbon as the source for producing multicolor photoluminescent carbon dots by chemical oxidation [J]. Chem. Commun., 2010, 46 (46): 8812 ~ 8814.

[121] Bourlinos A B, Stassinopoulos A, Anglos D, et al. Photoluminescent carbogenic dots [J]. Chem. Mater., 2008, 20 (14): 4539 ~ 4541.

[122] Pan D Y, Zhang J C, Li Z, et al. Hydrothermal route for cutting graphene sheets into blue-luminescent graphene quantum dots [J]. Adv. Mater., 2010, 22 (6): 734 ~ 738.

[123] Zhang Y Q, Ma D K, Zhuang Y, et al. One-pot synthesis of N-doped carbon dots with tunable luminescence properties [J]. J. Mater. Chem., 2012, 22 (33): 16714 ~ 16718.

[124] Liu S, Tian J Q, Wang L, et al. Hydrothermal treatment of grass: A low-cost, green route to nitrogen-doped, carbon-rich, photoluminescent polymer nanodots as an effective fluorescent sensing platform for label-free detection of Cu(II) ions [J]. Adv. Mater., 2012, 24 (15): 2037 ~ 2041.

[125] Prasannan A, Imae T. One-pot synthesis of fluorescent carbon dots from orange waste peels [J]. Ind. Eng. Chem. Res., 2013, 52 (44): 15673 ~ 15678.

[126] Zhu H, Wang X L, Li Y L, et al. Microwave synthesis of fluorescent carbon nanoparticles with electrochemiluminescence properties [J]. Chem. Commun., 2009: 5118 ~ 5120.

[127] Wang X H, Qu K G, Xu B L, et al. Microwave assisted one-step green synthesis of cell-per-

meable multicolor photoluminescent carbon dots without surface passivation reagents [J]. J. Mater. Chem. , 2011, 21 (8): 2445~2450.

[128] Qu S N, Wang X Y, Lu Q P, et al. A biocompatible fluorescent ink based on water-soluble luminescent carbon nanodots [J]. Angew. Chem. Int. Ed. , 2012, 51 (49): 12215~12218.

[129] Zhu S J, Meng Q N, Wang L, et al. Highly photoluminescent carbon dots for multicolor patterning, sensors, and bioimaging [J]. Angew. Chem. Int. Ed. , 2013, 52 (14): 3953~3957.

[130] Wang X, Cao L, Yang S T, et al. Bandgap-like strong fluorescence in functionalized carbon nanoparticles [J]. Angew. Chem. Int. Ed. , 2010, 49 (31): 5310~5314.

[131] Li X Y, Wang H Q, Shimizu Y, et al. Preparation of carbon quantum dots with tunable photoluminescence by rapid laser passivation in ordinary organic solvents [J]. Chem. Commun. , 2011, 47 (3): 932~934.

[132] Wang L, Zhu S J, Wang H Y, et al. Common origin of green luminescence in carbon nanodots and graphene quantum dots [J]. ACS Nano, 2014, 8 (3): 2541~2547.

[133] Qu S N, Liu X Y, Guo X Y, et al. Amplified spontaneous green emission and lasing emission from carbon nanoparticles [J]. Adv. Funct. Mater. , 2014, 24 (18): 2689~2695.

[134] Zhang H C, Huang H, Ming H, et al. Carbon quantum dots/Ag_3PO_4 complex photocatalysts with enhanced photocatalytic activity and stability under visible light [J]. J. Mater. Chem. , 2012, 22 (21): 10501~10506.

[135] Yu P, Wen X M, Toh Y, et al. Efficient electron transfer in carbon nanodot-graphene oxide nanocomposites [J]. J. Mater. Chem. C, 2014, 2 (16): 2894~2901.

[136] Wei W L, Xu C, Wu L, et al. Non-enzymatic-browning-reaction: A versatile route for production of nitrogen-doped carbon dots with tunable multicolor luminescent display [J]. Sci. Rep. , 2014, 4: 3564.

[137] Li X M, Zhang S L, Kulinich S A, et al. Engineering surface states of carbon dots to achieve controllable luminescence for solid-luminescent composites and sensitive Be^{2+} detection [J]. Sci. Rep. , 2014, 4: 4976.

[138] Junka K, Guo J Q, Filpponen I, et al. Modification of cellulose nanofibrils with luminescent carbon dots [J]. Biomacromolecules, 2014, 15 (3): 876~881.

[139] Zhou L, He B Z, Huang J C. Amphibious fluorescent carbon dots: One-step green synthesis and application for light-emitting polymer nanocomposites [J]. Chem. Commun. , 2013, 49 (73): 8078~8080.

[140] Wang Y, Kalychuk S, Wang L Y, et al. Carbon dots hybrids with oligomeric silsesquioxane: Solid-state luminophores with high photoluminescence quantum yield and applicability in white light emitting devices [J]. Chem. Commun. , 2015, 51 (14): 2950~2953.

[141] 许少鸿. 固体发光 [M]. 北京: 清华大学出版社, 2011.

[142] Barnham K W J, Mazzer M, Clive B. Resolving the energy crisis: Nuclear or photovoltaics? [J]. Nat. Mater. , 2006, 5: 161~164.

[143] Sarma D D, Nag A, Santra P K, et al. Origin of the enhanced photoluminescence from semi-conductor CdSeS nanocrystals [J]. J. Phys. Chem. Lett. , 2010, 1 (14): 2149~2153.

[144] Dohnalová K, Poddubny A N, Prokofiev A A, et al. Surface brightens up Si quantum dots: Direct bandgap-like size-tunable emission [J]. Light: Sci. Appl. , 2013, 2: e47.

[145] Yu W W, Qu L H, Guo W Z, et al. Experimental determination of the extinction coefficient of CdTe, CdSe, and CdS nanocrystals [J]. Chem. Mater. , 2003, 15 (14): 2854~2860.

[146] Beard M C. Multiple exciton generation in semiconductor quantum dots [J]. J. Phys. Chem. Lett. , 2011, 2 (11): 1282~1288.

[147] Kamat P V, Tvrdy K, Baker D R, et al. Beyond photovoltaics: Semiconductor nanoarchitectures for liquid-junction solar cells [J]. Chem. Rev. , 2010, 110 (11): 6664~6688.

[148] Nozik A J, Beard M C, Luther J M, et al. Semiconductor quantum dots and quantum dot arrays and applications of multiple exciton generation to third-generation photovoltaic solar cells [J]. Chem. Rev. , 2010, 110 (11): 6873~6890.

[149] Kramer I J, Sargent E H. Colloidal quantum dot photovoltaics: A path forward [J]. ACS Nano, 2011, 5 (11): 8506~8514.

[150] Tang J, Sargent E H. Infrared colloidal quantum dots for photovoltaics: Fundamentals and recent progress [J]. Adv. Mater. , 2011, 23 (1): 12~29.

[151] Yang Z, Chen C, Roy P, et al. Quantum dot-sensitized solar cells incorporating nanomaterials [J]. Chem. Commun. , 2011, 47 (34): 9561~9571.

[152] Yu X Y, Liao J Y, Qiu K Q, et al. Dynamic study of highly efficient CdS/CdSe quantum dot-sensitized solar cells fabricated by electrodeposition [J]. ACS Nano, 2011, 5 (12): 9494~9500.

[153] Radich J G, Dwyer R, Kamat P V. Cu$_2$S reduced graphene oxide composite for high-efficiency quantum dot solar cells: Overcoming the redox limitations of S$_2^-$/S$_n^{2-}$ at the counter electrode [J]. J. Phys. Chem. Lett. , 2011, 2 (19): 2453~2460.

[154] Ip A H, Thon S M, Hoogland S, et al. Hybrid passivated colloidal quantum dot solids [J]. Nat. Nanotechnol. , 2012, 7 (9): 577~582.

[155] Kruszynska M, Borchert M, Parisi J, et al. Synthesis and shape control of CuInS$_2$ nanoparticles [J]. J. Am. Chem. Soc. , 2010, 132 (45): 15976~15986.

[156] Nairn J J, Shapiro P J, Twamley B, et al. Preparation of ultrafine chalcopyrite nanoparticles via the photochemical decomposition of molecular single-source precursors [J]. Nano Lett. , 2006, 6 (6): 1218~1223.

[157] Cho J W, Park S J, Kim J, et al. Bulk heterojunction formation between indium tin oxide nanorods and CuInS$_2$ nanoparticles for inorganic thin film solar cell applications [J]. ACS Appl. Mater. Interfaces, 2012, 4 (2): 849~853.

[158] Zhang Z Y, Zhang X Y, Xu H X, et al. CuInS$_2$ nanocrystals/PEDOT: PSS composite counter electrode for dye-sensitized solar cells [J]. ACS Appl. Mater. Interfaces, 2012, 4 (11): 6242~6246.

[159] Chang J, Su L, Li C, et al. Efficient "green" quantum dot-sensitized solar cells based on Cu$_2$S-CuInS$_2$-ZnSe architecture [J]. Chem. Commun., 2012, 48 (40): 4848~4850.

[160] Guijarro N, Campiña J M, Shen Q, et al. Uncovering the role of the ZnS treatment in the performance of quantum dot sensitized solar cells [J]. Phys. Chem. Chem. Phys., 2011, 13 (25): 12024~12032.

[161] Kamat P V. Boosting the efficiency of quantum dot sensitized solar cells through modulation of interfacial charge transfer [J]. Acc. Chem. Res., 2012, 45 (11): 1906~1915.

[162] Robel I, Kuno M, Kamat P V. Size-dependent electron injection from excited CdSe quantum dots into TiO$_2$ nanoparticles [J]. J. Am. Chem. Soc., 2007, 129 (14): 4136~4137.

[163] Kongkanand A, Tvrdy K, Takechi K, et al. Quantum dot solar cells: Tuning photoresponse through size and shape control of CdSe-TiO$_2$ architecture [J]. J. Am. Chem. Soc., 2008, 130 (12): 4007~4015.

[164] Zhu H M, Song N H, Lian T Q. Controlling charge separation and recombination rates in CdSe/ZnS type Ⅰ core-shell quantum dots by shell thicknesses [J]. J. Am. Chem. Soc., 2010, 132 (42): 15038~15045.

[165] Zhu H M, Song N H, Lian T Q. Wave function engineering for ultrafast charge separation and slow charge recombination in type Ⅱ core/shell quantum dots [J]. J. Am. Chem. Soc., 2011, 133 (22): 8762~8771.

[166] Ito S, Chen P, Comte P, et al. Fabrication of screen-printing pastes from TiO$_2$ powders for dye-sensitised solar cells [J]. Prog. Photovolt: Res. Appl., 2007, 15 (7): 603~612.

[167] Stöber W, Fink A, Bohn E. Controlled growth of monodisperse silica spheres in the micron size range [J]. J. Colloid Interface Sci., 1968, 26 (1): 62~69.

[168] Sun J H, Zhao J L, Masumoto Y. Shell-thickness-dependent photoinduced electron transfer from CuInS$_2$/ZnS quantum dots to TiO$_2$ films [J]. Appl. Phys. Lett., 2013, 102 (5): 053119.

[169] Dabbousi B O, Rodriguez-Viejo J, Mikulec F V, et al. (CdSe)ZnS core-shell quantum dots: Synthesis and characterization of a size series of highly luminescent nanocrystallites [J]. J. Phys. Chem. B, 1997, 101 (46): 9463~9475.

[170] Haus J W, Zhou H S, Honma I, et al. Quantum confinement in semiconductor heterostructure nanometer-size particles [J]. Phys. Rev. B, 1993, 47 (3): 1359~1365.

[171] Abdellah M, Žídek K, Zheng K B, et al. Balancing electron transfer and surface passivation in gradient CdSe/ZnS core-shell quantum dots attached to ZnO [J]. J. Phys. Chem. Lett., 2013, 4 (11): 1760~1765.

[172] Zhang J Z. Ultrafast studies of electron dynamics in semiconductor and metal colloidal nanoparticles: Effects of size and surface [J]. Acc. Chem. Res., 1997, 30 (10): 423~429.

[173] Shen Q, Kobayashi J, Diguna L J, et al. Effect of ZnS coating on the photovoltaic properties of CdSe quantum dot-sensitized solar cells [J]. J. Appl. Phys., 2008, 103 (8): 084304.

[174] Hetsch F, Xu X Q, Wang H K, et al. Semiconductor nanocrystal quantum dots as solar cell

components and photosensitizers: Material, charge transfer, and separation aspects of some device topologies [J]. J. Phys. Chem. Lett. , 2011, 2 (15): 1879~1887.

[175] Cánovas E, Moll P, Jensen S A, et al. Size-dependent electron transfer from PbSe quantum dots to SnO_2 monitored by picosecond terahertz spectroscopy [J]. Nano Lett. , 2011, 11 (12): 5234~5239.

[176] Peng X G, Schlamp M C, Kadavanich A V, et al. Epitaxial growth of highly luminescent CdSe/CdS core/shell nanocrystals with photostability and electronic accessibility [J]. J. Am. Chem. Soc. , 1997, 119 (30): 7019~7029.

[177] Yeh T, Teng C, Chen S, et al. Nitrogen-doped graphene oxide quantum dots as photocatalysts for overall water-splitting under visible light illumination [J]. Adv. Mater. , 2014, 26 (20): 3297~3303.

[178] Zhuo S J, Shao M W, Lee S T. Upconversion and downconversion fluorescent graphene quantum dots: Ultrasonic preparation and photocatalysis [J]. ACS Nano, 2012, 6 (2): 1059~1064.

[179] Williams K J, Nelson C A, Yan X, et al. Hot electron injection from graphene quantum dots to TiO_2 [J]. ACS Nano, 2013, 7 (2): 1388~1394.

[180] Qu S N, Shen D Z, Liu X Y, et al. Highly luminescent carbon-nanoparticle-based materials: Factors influencing photoluminescence quantum yield [J]. Part. Part. Syst. Charact. , 2014, 31 (11): 1175~1182.

[181] Li X M, Liu Y L, Song X F, et al. Intercrossed carbon nanorings with pure surface states as low-cost and environment-friendly phosphors for white-light-emitting diodes [J]. Angew. Chem. Int. Ed. , 2015, 54 (6): 1759~1764.

[182] Liu F, Jang M, Ha H D, et al. Facile synthetic method for pristine graphene quantum dots and graphene oxide quantum dots: Origin of blue and green luminescence [J]. Adv. Mater. , 2013, 25 (27): 3657~3662.

[183] Zhu S J, Zhang J H, Tang S J, et al. Surface chemistry routes to modulate the photoluminescence of graphene quantum dots: From fluorescence mechanism to up-conversion bioimaging applications [J]. Adv. Funct. Mater. , 2012, 22 (22): 4732~4740.

[184] Graetzel M, Janssen R A J, Mitzi D B, et al. Materials interface engineering for solution-processed photovoltaics [J]. Nature, 2012, 488 (7411): 304~312.

[185] Qu S N, Chen H, Zheng X M, et al. Ratiometric fluorescent nanosensor based on water soluble carbon nanodots with multiple sensing capacities [J]. Nanoscale, 2013, 5 (12): 5514~5518.

[186] Lou Q, Qu S N, Jing P T, et al. Water-triggered luminescent "nano-bombs" based on supra-(carbon nanodots) [J]. Adv. Mater. , 2015, 27 (8): 1389~1394.

[187] Jin S Y, Lian T Q. Electron transfer dynamics from single CdSe/ZnS quantum dots to TiO_2 nanoparticles [J]. Nano Lett. , 2009, 9 (6): 2448~2454.

[188] Berezin M Y, Achilefu S. Fluorescence lifetime measurements and biological imaging [J].

Chem. Rev. , 2010, 110 (5): 2641~2684.

[189] Wu T X, Liu G M, Zhao J G, et al. Photoassisted degradation of dye pollutants. V. self-photosensitized oxidative transformation of rhodamine B under visible light irradiation in aqueous TiO₂ dispersions [J]. J. Phys. Chem. B, 1998, 102 (30): 5845~5851.

[190] Fu H B, Zhang S C, Xu T G, et al. Photocatalytic degradation of RhB by fluorinated Bi₂WO₆ and distributions of the intermediate products [J]. Environ. Sci. Technol. , 2008, 42 (6): 2085~2091.

[191] Kong B, Zhu A W, Ding C Q, et al. Carbon dot-based inorganic-organic nanosystem for two-photon imaging and biosensing of pH variation in living cells and tissues [J]. Adv. Mater. , 2012, 24 (43): 5844~5848.

[192] LeCroy G E, Sonkar S K, Yang F, et al. Toward structurally defined carbon dots as ultracompact fluorescent Probes [J]. ACS Nano, 2014, 8 (5): 4522~4529.

[193] Xie Z, Wang F, Liu C Y. Organic-inorganic hybrid functional carbon dot gel glasses [J]. Adv. Mater. , 2012, 24 (13): 1716~1721.

[194] Raveendran P, Fu J, Wallen S L. Completely "green" synthesis and stabilization of metal nanoparticles [J]. J. Am. Chem. Soc. , 2003, 125 (46): 13940~13941.

[195] Yu P, Wen X M, Toh Y, et al. Temperature-dependent fluorescence in carbon dots [J]. J. Phys. Chem. C, 2012, 116 (48): 25552~25557.

[196] Chen P C, Chen Y N, Hsu P, et al. Photoluminescent organosilane-functionalized carbon dots as temperature probes [J]. Chem. Commun. , 2013, 49 (16): 1639~1641.

[197] Valerini D, Cretí A, Lomascolo M, et al. Temperature dependence of the photoluminescence properties of colloidal CdSe/ZnS core/shell quantum dots embedded in a polystyrene matrix [J]. Phys. Rev. B, 2005, 71 (23): 235409.

[198] Salman A A, Tortschanoff A, Mohamed M B, et al. Temperature effects on the spectral properties of colloidal CdSe nanodots, nanorods, and tetrapods [J]. Appl. Phys. Lett. , 2007, 90 (9): 093104.

[199] Li X F, Budai J D, Liu F, et al. New yellow Ba$_{0.93}$Eu$_{0.07}$Al₂O₄ phosphor for warm-white light-emitting diodes through single-emitting-center conversion [J]. Light: Sci. Appl. , 2013, 2: 50.

[200] Osterloh F E. Inorganic nanostructures for photoelectrochemical and photocatalytic water splitting [J]. Chem. Soc. Rev. , 2013, 42 (6): 2294~2320.

[201] Fan W Q, Zhang Q H, Wang Y. Semiconductor-based nanocomposites for photocatalytic H₂ production and CO₂ conversion [J]. Phys. Chem. Chem. Phys. , 2013, 15 (8): 2632~2649.

[202] Zhou W L, Zhao Z Y. Electronic structures of efficient MBiO₃ (M= Li, Na, K, Ag) photocatalyst [J]. Chin. Phys. B, 2016, 25 (3): 037102.

[203] Luo J S, Karuturi S K, Liu L J, et al. Homogeneous photosensitization of complex TiO₂ nanostructures for efficient solar energy conversion [J]. Sci. Rep. , 2012, 2: 451.

[204] Chen X B, Mao S S. Titanium dioxide nanomaterials: synthesis, properties, modifications, and applications [J]. Chem. Rev. , 2007, 107 (7): 2891~2959.

[205] Wang T, Chen J F, Le Y. First-principles investigation of iodine doped rutile TiO_2 (110) surface [J]. Acta Phys. Sin. , 2014, 63 (20): 207302 (in Chinese) .

[206] Yu B Y, Kwak S. Carbon quantum dots embedded with mesoporous hematite nanospheres as efficient visible light-active photocatalysts [J]. J. Mater. Chem. , 2012, 22 (17): 8345~8353.

[207] Hernández-Alonso M D, Fresno F, Suárez S, et al. Development of alternative photocatalysts to TiO_2: Challenges and opportunities [J]. Energy Environ. Sci. , 2009, 2 (12): 1231~1257.

[208] Grätzel M. Recent advances in sensitized mesoscopic solar cells [J]. Acc. Chem. Res. , 2009, 42 (11): 1788~1798.

[209] Bartelmess J, Quinn S J, Giordani S. Carbon nanomaterials: multi-functional agents for biomedical fluorescence and Raman imaging [J]. Chem. Soc. Rev. , 2015, 44 (14): 4672~4698.

[210] Luo G S, Huang S T, Zhao N, et al. A superhigh discharge capacity induced by a synergetic effect between high-surface-area carbons and a carbon paper current collector in a lithium-oxygen battery [J]. Chin. Phys. B, 2015, 24 (8): 088102.

[211] Pan C N, He J, Fang M F. Tunable thermoelectric properties in bended graphene nanoribbons [J]. Chin. Phys. B, 2016, 25 (7): 078102.

[212] Choi H, Ko S, Choi Y, et al. Versatile surface plasmon resonance of carbon-dot-supported silver nanoparticles in polymer optoelectronic devices [J]. Nat. Photon. , 2013, 7: 732~738.

[213] Qu S N, Zhou D, Li D, et al. Toward efficient orange emissive carbon nanodots through conjugated sp^{2-} domain controlling and surface charges engineering [J]. Adv. Mater. , 2016, 28 (18): 3516~3521.

[214] Sun M Y, Qu S N, Ji W Y, et al. Towards efficient photoinduced charge separation in carbon nanodots and TiO_2 composites in the visible region [J]. Phys. Chem. Chem. Phys. , 2015, 17 (12): 7966~7971.

[215] Li P X, Feng M Y, Wu C P, et al. Study on the photocatalytic mechanism of TiO_2 sensitized by zinc porphyrin [J]. Acta Phys. Sin. , 2015, 64 (13): 137601 (in Chinese).